盛世藏玉

精品白玉鉴赏与收藏

——博燚玉器鉴赏丛书

彭凌燕⊙著

文匯出版社

作者简介：

彭凌燕，男，祖籍江苏江阴

- 著名玉器收藏家、玉器鉴赏家
- "博燚斋玉石会所"创始人
- 上海收藏协会青年委员会主任、宣讲团特聘讲师
- 中国珠宝玉石首饰行业协会会员
- 上海宝玉石行业协会会员
- "东方财经"频道特邀嘉宾
- "清华继教收藏沙龙"特聘顾问
- 镇江文广《城市生活报告之鉴赏》栏目艺术顾问、特约嘉宾
- 上海馨瀚珠宝培训学校特聘顾问、客座教授
- "IPA国际认证白玉鉴定课程"特聘讲师
- 《昆仑寻梦—精品白玉鉴赏与投资》作者

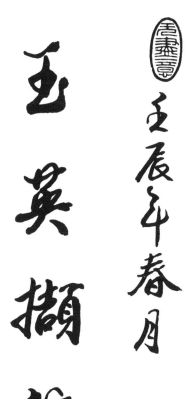

玉萃撷粹

壬辰年春月

龙华寺 海乐

序
——收藏的文化价值重塑

在癸已秋丹桂飘香之时，彭凌燕撰写的《盛世藏玉》一书即将付梓。凌燕邀我为其写序，我曾为众多藏家写过序，所不同的是，他是我写序的最年轻的作者。真可谓后生可畏，后生可贺。

说这36岁的后生可畏，有件往事可佐证。凌燕15岁那一年，当同年代的小伙伴尚在朦胧不涉世事的时候，他却省下一个月的早点钱，从学校旁边的一家工艺品公司偷偷买下了一件玉器，当年那种激动与亢奋，至今记忆犹新。瞬息间，20余年过去了，这位玉痴通过自己的艰辛的耕耘，迎来了属于他自己的丰硕收获。2003年，他应邀担任中国新疆和田玉网首任总版主，2004年，创立"可爱狼的梅子小铺"，2008年成为《现在家庭·生活》收藏专栏撰稿人，2009年创立"博焱斋玉石工作室"，2010年出版《昆仑寻梦——精品白玉鉴赏与投资》专业著作，2012年任上海"东方财经频道"特邀嘉宾，2013年更是这位后生的丰收之季，担任"上海馨瀚珠宝培训学校特聘顾问"，当选上海市收藏协会青年委员会的主任，同时完成了《盛世藏玉》一书的写作。

盛世收藏。众所周知，当今的艺术品收藏已被纳入世界性的投资范畴，受到了人们的热烈追捧，已呈飞入寻常百姓家之势。任何收藏品，都是历史、文化的载体，人们收藏它，就是收藏历史，收藏文化，特别是具有悠久收藏历史的中华民族，在国泰民安的今天，收藏犹如三月春潮，势不可挡。但我们也不能不看到，在大潮的汹涌下，人们追崇艺术品的文化价值，往往会停留在它的有形价值上，譬如经济价值、欣赏价值、珍稀价值、外在价值等。毫无疑义，这些价值都是构成艺术品价值的重要部分，背离它们，也就背离了艺术品的价值。然而，就收藏品的文化价值而言，仅仅有存形价值还不能，因为在文化价值中，还包容了诸多的隐形价值，它们同样是艺术品价值的重要内容，譬如品格价值、喻志价值、教育价值、证史价值与陶冶价值等等。这些隐形价值不像有形价值那么直观与直接，它们常常是隐藏于物质的背后与深处，正因为它是一种物化的精神力量，所以，它所产生的效应与回报，有时要远远超过有形价值，正如郭沫若先生所咏"雨花石宁静、明朗、坚实、无我"。郭公说的正是收藏品的品格价值，它给予收藏者的熏陶，是金钱所买不到的。

如果说艺术品的有形价值造就了艺术品的身价，那么隐形价值则塑造了收藏家的品德人格。例如著名的大收藏家张伯驹先生为保护《平复帖》，当遭日本人所指使的恶徒绑架时，他宁肯"被撕票"也不交出国宝，解放后，张伯驹将《平复帖》捐献给国家，这位藏界先贤所表现出的高风节亮，正是受文物的文化内涵的召唤所至。像这样的历史故事，举不胜举。重视艺术品的隐形价值，就对我们的收藏者们提出不断提高自身文化修养的重要，如果收藏者自身的修养不到位，又怎么去重塑收藏的文化价值呢。

可贺的是，彭凌燕是懂得收藏文化价值的，否则，一位才36岁的后生，就不会拥有两部收藏玉器专著。自古以来，藏玉就最讲究隐形价值，古训"君子比德于玉"，道出了收藏的文化价值的真谛。《礼记·玉藻》载："君子无故，玉不去身。"君子佩玉的内涵何在？孔夫子将它归纳为"仁、知、义、礼、乐、忠、信、天、地、德、道"11字，此便是玉的品格，也就是玉的隐形价值。这段典故记载在古文献《礼记·聘义》中。到了汉代，许慎在《说文解字》中，对玉作了更为简要的概括，以"仁、义、智、勇、洁"为五德，这就是玉有五德的由来。我们先哲的这种寓志于玉的人文精神，始终贯穿了玉文化传承的历史长河，一直到清代吴大澂在撰写《古玉图考》一书时，开门见山地说："古之君子比德予玉，非以玩物也。"

今天，《盛世藏玉》要面世了，彭燕凌以一位70后的年轻人的视野、理念与敬畏，向我们诠释了亘古千年而不衰的美玉的真谛，我想应该是一次对收藏的文化价值的重塑。信弗，请君开卷。

是为序。

识于癸巳中秋大言斋

目录

引　子

自古以来，"盛世收藏乱世金"，历朝历代，但凡经济大兴的同时，不论皇室贵胄还是民间布衣，博古收藏之风也必将大行其道。

中华人民共和国自二十世纪中叶建国，经历了数十年风风雨雨后，1978年开始改革开放，大力发展市场经济。时至今日，已历经三十多年的辛勤耕耘，国力大大增强，全民的经济实力也显著提高。伴随而来的全民收藏热潮，也是一浪高过一浪。近年来，包括嘉德、瀚海等大型拍卖公司的拍卖活动，拍品成交价格屡创新高。大量的游资、热钱乃至机构投资的大规模资金，也在收藏品市场上频频出手。

在如此一个火热的市场背景下，有着中华文明八千年历史的玉文化，自然格外的引人注目。"软玉的收藏"，更确切地说，是"新疆和田玉的收藏"，作为众多收藏项目中不可或缺的门类，越来越多地为广大玉器爱好者和玉石投资人所关注、所青睐。

在巨大的经济利益的驱使之下，和田玉的制假、售假技术也同步的日新月异；无良商家别有用心，颠倒黑白的技巧也在日益提高。与此同时，越来越多的新人，热情而盲目地投身到逐渐乱象丛生的和田玉收藏的大军中来。自然，也就有越来越多的玉器爱好者在和田玉收藏中看走眼，"吃药"，"交学费"。

"十年攻玉，一朝始成"，本着拳拳爱玉、痴玉、迷玉之心，笔者希望将自己十多年玩玉、藏玉和爱玉的酸甜苦辣咸与尽量多的玉友、藏友们分享，希望能在他们未来的藏玉之路上，起到一定的帮助作用。

自"博燚玉器鉴赏丛书"之《昆仑寻梦——精品白玉鉴赏与投资》一书面世至今，已经有段时间了。早在《昆仑》还在校勘、印刷阶段，笔者就已经开始构思"博燚玉器鉴赏丛书"的第二本书稿。作为《昆仑》的姊妹篇，希望新书能把前书所未能周详陈述的相关内容，做一个完善深入与提高，以供广大玉器收藏爱好者和玉石投资人做周详地参考。

在《昆仑》一书中，笔者对几千年传统的中华玉文化做了个概述，并概述了软玉的各种分类及鉴赏明细，同时阐述了如何对高档新疆和田籽料进行精确的投资的一些观点；该书最主要的着重点在于"新手入门"。

而本书《盛世藏玉——精品谈白玉鉴赏与收藏》，相对前一本而言，在内容编排上，深度将大幅提高。

笔者将在本书中对现阶段和田玉的市场情况及市场远景，作详细的分析和综述，并主要侧重高档白玉的鉴赏与收藏，细说白玉的"德"与"符"，详解新疆和田籽料的天然皮色；同时还将对目前和田玉收藏市场上，新老两种文化鉴赏观点，做相对客观的评价和分析。以供广大玉器收藏爱好者和玉石投资人作晋级的参考。

大道无为，随缘结友。愿天下爱玉之人，都能有缘藏到自己的钟爱之玉。

第一章
市场概况和远景分析

 回顾过去

　　全世界各地，有许多国家和地区，都出产以透闪石、阳起石为主的多晶矿物集合体，也就是业内俗称的"软玉"。在这众多的软玉玉种之中，中国新疆的和田玉以其独有的质地浑厚、料性纯糯、色泽上等等特性，当之无愧地成为了世界"软玉之王"。而新疆和田玉中的和田籽玉，则是软玉之王中的王者，精华中的精华。从最近几十年，和田玉的市场价格走势情况与供求情况，总体分析来看，用一个词语来形容是最贴切不过的——"火爆"。

　　在二十世纪末的二三十年中，和田玉的市场价格基本上每年都是稳步增长，价格走势也相对稳定。但那个阶段，整个和

图1-1　新疆和田大桥口巴扎，一到开市便人声鼎沸，火爆异常

田玉市场，相对还是比较理性的。而且，当时的新疆和田籽玉的收藏人群也相对比较固定，主要有两类：一类是资金实力非常雄厚的超高收入人群；另一类则是年龄较高的离退休中老年人群。但是不管是财力雄厚的富豪，还是小富即安的布衣，他们收集、收藏新疆和田籽玉，主要都是受个人兴趣爱好的支配所致，纯属个人喜欢。由于和田玉文化在中国有着数千年的历史，因此这些和田玉爱好者们对于和田玉的收藏，更深层次蕴含的，是一种对博大精深的中华文化的追求、理解和收藏。

坦白说，笔者以为："和田玉"自古以来便是达官贵人、文人墨客的专宠。古代中国作为农耕大国，大部分寻常百姓都过着日出而作、日落而息的简单而充实的生活。广大布衣百姓的衣食温饱尚且成问题，自然不太会去关注那些附庸风雅之物。

随着清末鸦片战争的爆发，在荣耀了数千年后，中华民族经历了前所未有的百年浩劫。社会动荡、民不聊生之余，人们追求最低限度的温饱生活尚且是个奢望，当然更加不会有余力来从事"收藏"事业。"和田玉收藏"自然也随着不堪的时事，跌入了前所未有的低谷。"兹本洁来还洁去",新疆和田玉,这天地精华孕育而成的自然奇葩,在战火硝烟和时局动荡中,被彻底还原成了无人问津、不值一文的璞石。

新中国建立了,百废待兴之余又穷十年之功,走过了让人不堪回首的文革。终于,华夏子民在经历了一百多年的内忧外患之后,又重新过上了安居乐业的生活。而彼时彼刻的中国,所有一切都从零起步,所有一切都从原点重新开始。可以说自中华民族诞生之日起至今的数千年来,除了在旧石器时代,古人不识玉,只是将其作为最原始的工具之外,和田玉从未像今天这样,与普通老百姓如此之亲近!

"时事造英雄",今逢盛世,让绝大部分和田玉爱好者生而逢时,能够与这千古神奇瑰宝,做一次古人只能奢望而无法想象的"亲密接触"。

千禧年后,随着中国经济的突飞猛进,国内经济与世界经济日趋接轨,普通百姓大众们的生活水平也飞速提高,手中闲钱日趋增加。在物质文明提高到了一定的水准之后,精神文明自然就越来越受到大众们的重视。"收藏文化"在华夏大地上传承了几千年,自然重新受到热捧。

事实上,"文化艺术品收藏"种类繁多、博大精深,每一个项目都是值得藏友们穷极一生去钻研的。而和田玉则因其易于上手、方便保存、便于随身携带、易于交流等非常亲民的特点,在诸多收藏种类中脱颖而出,成为近年来最为热门的收藏项目之一。

经济的发展也为,新疆和田玉的收藏人群,注入了全新的生力军。大批社会上的中产阶级和年轻的白领们,加入到和田籽玉收藏的行列。藏友的人数每年还在呈几何级数的增加,并且已经远远超过了之前原有的和田玉爱好者的人数。

与此同时，为了满足急剧膨胀的市场需求，"昆仑寻玉"也开始了全新的开采方式——从以前简单低效的手工开采，改成了大规模的机械化挖掘。现代化高效的和田籽玉的开采方式，在短短数年的时间内，便对现有的新疆和田籽玉的矿藏保有量，产生了毁灭性的打击。古人用五千年时间手工采挖，都未曾伤及分毫的"玉龙喀什河和田籽玉矿脉"，在短短数年之内便几近枯竭，现有的和田籽玉的矿藏濒临绝迹。

同时，在和田玉收藏市场上，除个人收藏爱好者的数量不断增加外，还频频出现大财团、大企业家等纯粹的投资客的身影。例如闻名全国的浙江炒房军团，山西煤矿业的巨头等等。"蝴蝶效应"急速扩散，一拨紧接着一拨。在中国老百姓一贯的"追

图1-2 和田地区生态环境极度恶化，沙尘暴不断

涨不追跌"的风格影响之下，又有数量惊人的普通百姓投资客，投身到"和田玉收藏"的滚滚洪流之中。故而此消彼长，在短短十年不到的时间内，新疆和田籽玉的市场保有量，突然间，"供"远远"不应求"。

近年来，新疆和田籽玉供求关系的严重脱节，导致了其市场价格的直线飙升。和田玉又开始离广大普通百姓渐行渐远。随着和田玉的市场价格的日益走高，许多藏友们迫于经济能力有限，也逐渐开始无法负担价格如此高昂的藏品了。依笔者自己的经历来看，十年前只需要花数千元便能购得的顶级新疆和田籽玉的玩料，到如今飙升了百倍，实在令人咋舌。

着眼现在

市场概况

时代在发展，人们的诸多价值观也在变化。依笔者自己的经历来分析，最近十年来，许多新兴的和田玉收藏爱好者们，在选购新疆和田玉的相关藏品时，关注藏品的市场价值、关注藏品后期的经济价值和升值空间的成分，要远高于从前的和田玉收藏爱好者。相比较而言，早年的和田玉收藏爱好者们，在新疆和田玉收藏中，更多关注的，是和田玉收藏品的文化价值、艺术内涵与工艺鉴赏。

和田玉在短短十多年的时间里，市场价格突飞猛进，一日千里。因此看待和田玉的收藏，除了基于广大百姓经济生活水平的逐步提高之外，还可以从社会大方面来分析。

目前中国的经济体制改革至今已经几十年了，综合国力的提高也是世界所公认的。但是新中国毕竟是个新兴的发展中国家，就像当年邓小平同志提出的"摸着石头过河"一样，许多经济模式还在不断探索、发展和完善中。社会的经济发展到一定时候，通货膨胀是不可避免的。老百姓们辛苦了半辈子攒点血汗钱。存银行的那点少得可怜的利息，实在赶不上通货膨胀的货币贬值幅度。因此但凡财富有所积累的老百姓，都在想尽一切办法，把自己辛苦积累的财富转化成相对保值甚至升值的投资理财产品。

但是，在中国的经济市场上，能够供老百姓选择的比较好的投资项目非常之少。大家扳扳手指头，历数可以考虑的投资手段，最大的也是比较容易上手的投资项目，除了楼市、股市，也就只有艺术品收藏了。

众所周知，曾经火爆一时的楼市，近几年在政府调控的大力干预之下，已经彻底失去了往昔的繁荣。一拨又一拨的热钱，大规模地从中国的楼市中撤退。彼时热衷炒房、红极一时的温州客商，在全国各大楼市中早已不见踪影。当年门庭若市、挤破脑袋也拿不上号的房产售楼中心，如今也洗尽铅华，门可罗雀。绝大部分靠工资过活的普通百姓，需要祖孙三代辛勤劳作并省吃俭用，方能购买一套属于自己的高价房子，楼市已经不再是保值、升值的最佳首选。

再来看看现在积重难返的股市。遥想当年，沪市的大盘指数，从几百点扶摇直上六千点的灿烂，也早已光辉不再。当年买啥涨啥，即便买个垃圾股也能收益颇丰，人人都自以为是"股神"的时代，也已成为了茶余饭后，股友们聊以慰藉的谈资。毕竟，中

盛世藏玉·精品白玉鉴赏与收藏

国的股市,只是极少数冒险家的乐园。若试图在中国的股市中游刃有余,赚得肠肥脑满,那需要股市玩家们具备极强的心理素质,缜密的市场分析能力,当机立断的决绝果敢……这一切令人羡慕的天赋,并不是人人都会与生俱来的。

那么,唯一剩下的值得关注的投资项目,就只剩下至今依然热度不减的"艺术品收藏"了。

图1-3 天然原生和田籽玉手串,2006年到2013年,市场价格上涨了近百倍

诚如前文所述,在众多艺术品收藏门类中,相比难于保存的字画,易于破损的瓷器,体积庞大的木器等等,玉器既容易上手,又方便保存,同时还便于藏友们交流。再加上有那在华夏大地上传承了数千年的中华文化做奠基……这一切经济因素、文化因素的相互作用,成就了现今的新疆和田玉收藏市场的火热氛围。

更为重要的，是"和田玉收藏"在经历了百年动荡，沉寂了两百年之后，刚刚重新开始抬头。仅从经济价值来说，和田籽玉的市场价格，起点相对还比较低，相比同为玉中翘楚的缅甸翡翠而言，和田籽玉的上升空间还十分之大。这也是国内许多财团和投资人，为何在中国新疆和田频频现身的原因。

乱象分析

当然，风险与利润永远是成正比的。与楼市和股市有所不同的是，"艺术品收藏"需要有相当的辨别真伪的眼力。其介入的门槛比之楼市与股市，相对要高许多，不是有钱便能轻易入市的。正因为如此，艺术品收藏市场上滋生的乱象，也是最多的。

下面笔者针对和田玉收藏市场上的乱象，略作举例分析：

乱象一

新疆和田籽玉的市场，开始火热的最初几年，不法商家们为了谋取暴利，用低档的软玉玉料来冒充高档的软玉玉料。"以次充好"，是和田玉收藏市场上最常见的的市场乱象之一。

读者们知道，全球各地的软玉多种多样，和田料、俄料、青海料乃至韩料……不一而足（关于软玉的定义与分类，笔者在《昆仑寻梦—精品白玉鉴赏与投资》已有详细陈述，本书不再赘述）。虽然同属软玉范畴，但是种类不同，市场价格也相去甚远。最顶级的软玉与最低级的软玉之间，每克的市场单价的差异，可

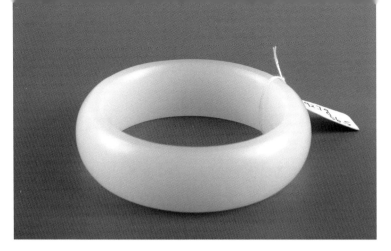

图1-4 老矿青海料玉镯，早年区区几百元人民币一根，
2013年市场价格涨到数万甚至更高

以高达数千倍甚至数万倍。在高额利润的驱使下，和田玉收藏
市场与字画、瓷器市场一样，自然也会有许多不法商贩，以次
充好，用低廉的玉材来冒充和田玉，借此谋取暴利。

最初几年，和田玉收藏市场上，最常见的用来冒充新疆和
田玉的软玉玉材，主要是俄罗斯软玉和青海软玉，也就是业内
常说的"俄料"与"青海料"。因为基本上，俄料、青海料与和
田玉都出自昆仑山脉或昆仑山脉的衍生段。只是由于玉料的生
成矿点不同，因此玉料在亿万年前生成时的客观环境、后期保
存环境与和田玉也略有不同。这些看似不甚重要的差异，却造
成了它们与和田玉在色泽、油份、糯性等参数指标上的差异。

但是总体来说，俄料与青海料还是众多软玉玉料中最接近
新疆和田玉的玉材。再加上早些年，这两种玉料的料价低廉，
用来冒充和田玉，利润空间也非常巨大。因此，这两种软玉的
玉料自然成了冒充新疆和田玉最理想的玉材。

甚至在中国主办的 2008 年奥运会上，由于和田玉的原材料
稀缺，无法满足供货量的要求，也转而采用青海料作为奥运奖牌
的原材料之一。

于是乎，"一人得道，鸡犬升天"，俄料与青海料的市场价格也日新月异，突飞猛进。渐渐地，俄料与青海料，如果继续作为冒充和田玉的玉材，已经没有足够的暴利可图了。于是乎，无良商家们又把目光投向了更加低档的软玉玉材，例如价格更加低廉、玉质更加欠缺的韩国软玉等。

❦ 乱象二

从 2010 年开始，"相关国家标准居然优劣不分，眉毛胡子一把抓"，是和田玉收藏市场上，又一让人哭笑不得的市场乱象，尤其令初学和田玉收藏的新人们无所适从！

根据最新的相关推荐用国家标准——《国标 GB/T 16552-2010 版》规定所有的全球各地出产的软玉，都用"和田玉"来统一命名。换句话说，国家标准明确的将"和田玉"一词，统一作为所有软玉的代名词。

笔者曾经就此事质问过相关业内人员。他们牵强附会地解释是："新修改的国标如此操作，仅仅是让'和田玉'只是个名字，不再带有地理位置的概念。"问题是，广大老百姓不知道这个内幕！绝大多数初学和田玉收藏的爱好者，也不知道这个事实！这样稀里糊涂眉毛胡子一把抓，实在贻害匪浅！

图1-5 青海烟青料，双鹅。明眼的青海软玉，现在可以堂而皇之地被称为"和田玉"了

14

于是乎，国家认证的权威鉴定机构，出具的产地不在和田的软玉的"和田玉证书"，有意无意中，便成了诸多不法商家们欺骗广大百姓，欺骗和田玉收藏爱好者的"护身符"。因为在国家权威的检测机构中，所有的软玉玉材，不管是和田玉，还是俄罗斯玉，乃至青海料、韩料等等，都可以出具定名为"和田玉"的权威鉴定证书！

不明就理的人们，通常买和田玉，都是认为自己买的是产自新疆和田的玉。没想到在不经意间，自己花了大价钱购买的，经过国家权威机构鉴定的带有"和田玉证书"的所谓"和田玉"，却根本就不是产自新疆和田的玉料。

坦白地说，居然能够罔顾"各类软玉的市场价格差异巨大"

的客观事实，定出如此误人的所谓"标准"，对于那些制定该标准的标委会的专家们，笔者实在无法理解他们的想法！

图1-6 顶级的俄罗斯籽玉，按照现行国家标准，可以合理合法地被命名为"和田玉"。部分商家将其冒充和田籽玉谋取更高利润

❀ 乱象三

"以假乱真"，则是和田玉收藏市场上又一个最常见的市场乱象。

最近十年来，在新疆和田籽玉的带动下，连俄料、青海料

图1-7 阿富汗石头人工滚圆冒充和田籽玉，硬度低，吃刀，见图上刀划痕

等几种常见的冒充和田玉的软玉玉材，市场价格也是今非昔比，大幅度攀升。用这些软玉玉料来冒充新疆和田玉，利润空间自然也日趋压缩，无法满足不良商家们的利润需求了。

于是乎，便出现了肉眼无法观察到的，以类似软玉玉料的石料甚至料器作为原材料，来冒充新疆和田玉。

以笔者的经验来看，这类仿玉材料大体上分为两类。一类是看上去外形酷似新疆和田玉的天然石材，例如阿富汗玉、卡瓦石等等。

● **常见的以假乱真的材料**

● **酷似和田玉的天然石材**

● **人工合成的料器**

请读者们注意，"阿富汗玉"并非玉。狭义的阿富汗玉，是专指碳酸盐类的石材，不管是硬度、密度还是折射率，与宝石学上的软玉都有着本质的区别。当然，目前的玉器收藏界，"阿富汗玉"已经成为了诸多冒充软玉的白色天然石材的代名词。

至于卡瓦石，也与阿富汗

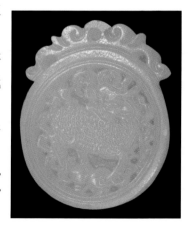

图1-8 阿富汗玉，粗看有点白玉的感觉，但表面人工硼砂感非常明显，密度小，硬度低，细心一点便不难区分

玉有点类似。"卡瓦"一词本是音译，出自维语，最初应该是南瓜的意思，后被维语隐喻成傻帽之意。卡瓦石，最初是指出自新疆地区的藏量巨大的一种蛇纹石质地的卵石。而现在这个概念也早已外扩，卡瓦石在业内早已成为各种外形酷似和田玉的石料的代名词。

图1-9 戈壁滩上出的黑色卡瓦石，硬度极高，但是密度小、手感轻，缺乏油份

另一类则是料器。所谓料器，就是人工合成的冒充和田玉的人造玻璃。早些年，人造的仿冒和田玉的料器，做工粗糙，器中常见类似玻璃制品中可见的气泡，硬度也十分低。现在的作伪工艺，则得到了大幅提高，人工合成的料器能做到硬度高，色泽也非常接近和田玉，而且即便用聚光手电观察，内部纹理也非常类似软玉的纤维交织结构。

更让笔者惊叹的是最近两年的料器制造工艺。笔者曾经做过一个试验，将一个高仿的料器白色手镯抛出去五米远，然后重重地摔在地上，而手镯居然丝毫未损，完好如初。真要是和田玉手镯，这样摔法，早已断成几节了。

不过，假的毕竟是假的，它们的各项理化指标，与和田玉也有较大的差别，稍有经验的朋友，便不难区分"玉与石"的差异。即便是完全不懂软玉的门外汉，也可以通过相关的仪器检测来辨别真伪。

图1-10　料器（人工合成的玻璃），硬度高，白度好，内部结构若隐若现，韧性比真玉料还要高，非常有欺骗性

乱象四

"'专家'、'大师'满天飞"，是和田玉收藏市场上的又一个巨大乱象，也是整个"艺术品收藏"市场的普遍乱象。

众多新兴的和田玉收藏爱好者们，由于初入门不久，玉器的专业知识相对比较缺乏。因此有部分和田玉收藏爱好者们，在试图购入和田玉藏品时，受自身眼光的限制，时常患得患失、踯躅再三。当断不断的最终结果，往往是坐失良机，与梦萦魂牵的宝贝失之交臂。

或者还有部分和田玉收藏爱好者，收藏风格豪放，一路高歌猛进，热情似火的同时，自然就伴随着频频购货。盲目出手的最终结果，往往是得不偿失，购入的藏品之中时常不乏赝品。

现在的艺术品收藏，通常单笔交易额都不小。精品的和田籽玉动辄数以十万、百万元计。对于寻常的收藏爱好者来说，轻易出手购买藏品，只要输一次，便会伤筋动骨。

因此，一批批头顶"专家"、"大师"光环的所谓的专家们便开始崭露头角，登上了现代收藏、鉴定的历史舞台，在各大广告媒体中竭尽所能地"表现"自己。这些专家团队之中，自然良莠不齐，有些是真材实料、眼光独到的资深"专家"；有些却是鱼目混珠、沽名钓誉的"砖家"。那么如果遇上那些不负责任的"砖家"，吃亏的自然就是那些偏听偏信，迷信"大师"的可怜的爱好者了。

源于自身眼光不到位，致使鉴定产生严重失误，给追随者们造成经济损失，这些只是专业技能欠缺，个人的良知尚存。更有甚者，市场上还有一些所谓的"鉴赏专家"、"鉴定大师"，在金钱面前，完全迷失了自我。这些"砖家"为了蝇头小利，埋没良心，胡说八道，甚至勾结奸商，刻意设局。他们故意指鹿为马，颠倒黑白，真正的害人害己！

中国有句古话，"常在水边走，难免不湿脚"，不断的坑蒙拐骗，总有被人揭穿的时候！好在"艺术品收藏"，许多都是无法用仪器检测的，没有绝对的权威之言的。遇到这种情况，那些可恶的"砖家们"，便来个抵死不承认，"一条道走到黑"，最多落个"眼光不到位，道德品质还是无碍"的骂名。近年来，有些知名的老专家，古稀花甲之年，行将入土之际，却因类似事情，毁了自己一生的清誉。笔者个人认为，辛苦了一辈子积攒的那点威望，为了那些蝇头小利，一夜之间付诸东流，实在是不值得。

综上所述，在乱象丛生的艺术收藏品市场上遨游，若要使自身立于不败之地，藏友们必须戒骄、戒贪、多看少买。同时需要藏友们通过大量的实战，积累大量的实践经验，收藏时做到冷静而理性，不盲从市面上所谓的"专家"。

新疆和田籽玉的未来良好的收藏上升空间，是绝大多数藏友们都能看到的。但是能否有实力坐享"收藏和田玉"所带来的高额回报，就要看藏友们各自的造化了。

 展望未来

从 2000 年后至今，新疆和田籽玉的市场供求关系之间，差距急剧扩大，远远供不应求。和田玉收藏，也从"以文化收藏为主体"，演变成了现在的"文化与经济收藏并重"的现状。新疆和田籽玉的经济价值，在"和田玉收藏"中所占的比重也大幅增加。

笔者认为，未来新疆和田玉的收藏市场大趋势，依然上涨空间巨大。读者们可以从两个方面来进行剖析，"经济收藏"与"文化收藏"。

🌹 从"经济收藏"上分析

新疆和田籽玉的市场价格在经历了十年的突飞猛进后，渐渐开始超出普通中产家庭的经济承受能力。早年藏友们只要准备一小沓人民币，便可以换回一大堆和田籽玉原石；现今藏友们准备一大堆人民币，时常换不来一小块和田籽玉原石。和田籽玉再也不是当年普通工薪阶层们想买，便能轻易购入的"天生顽石"了。

那么，是不是说，新疆和田玉，尤其是新疆和田籽玉的市场价格，已经到了一个顶峰，短期内将不再会有上升空间了呢？以笔者个人的观点来看，新疆和田籽玉的市场价格，虽然在过去的十年里突飞猛进，一日千里，但是总的来说，其上升空间还非常大。笔者如此判断的依据主要有以下四点：

其一，源头的枯竭，自然矿藏中能开采的和田籽玉已经基本告罄。新疆和田籽玉矿脉的不可再生性，注定了当新疆和田玉的市场需求量急剧放大的时候，求购者唯一能做的，就是从

图1-11 千禧年后，数千台挖掘机日以继夜的开采，短短七八年时间，就把古人五千年都未曾撼动分毫的和田籽玉矿脉开挖殆尽了

现有的市场上按照"价高者得"的原则，买进自己心仪的和田籽玉玉件。

其二，市场的需求。中国人"追涨不追跌"的投资习惯，再加上诸多媒体的大力报导和炒作，导致和田玉的市场需求依然在放大。而同时因为政府的大力度调控，楼市与股市都相对低靡，原本在楼市与股市中的热钱，一部分转而借道海外，还有很大一部分则直接冲进"艺术品收藏"市场，和田玉收藏首当其冲。

其三，与楼市、股市截然不同，"艺术品投资与收藏"方面，政府行为的政策性干预非常之少。而从新疆和田玉的整个产业链上来分析，新疆和田籽玉的源头，是为数巨大的赖以为生的当地群众，周转与生产过程中，又包含着方方面面各种复杂的主观与客观因素。政府即便想适度干预，但是面面俱到的相关细则，也非常难以制定和出台。

到目前为止，相关机构能做的最大的政策性干预，便是制定一个非常粗线条的"和田玉市场指导价"。而且这个所谓的"指导"往往因为市场不认同而直接被忽略。

其四，"新疆和田籽玉"与国内玉器市场上另一个王者—"翡翠"相比较，笔者个人认为，两者之间的市场价格差异还十分之大。这里笔者曾经做过一个对比分析。在 2011 年的大型拍卖会上，顶级的老坑玻璃种、阳俏绿满色的翡翠玉镯，单根的拍卖成交价高达数千万元。而新疆和田籽玉，作为诸多软玉中最顶级的玉料，在同期，一根顶级的和田籽玉的手镯，市场价格才区区百来万人民币都不到。读者们可以看到，两者之间的差距有数十倍之多。

图1-12　顶级红皮和田籽玉玩料

🌸 从"文化收藏"上分析

大家知道，文化的大力发展，应该是基于社会经济已经富裕到了一定阶段之后才开始起步的，国家一直倡导"物质文明"与"精神文明"两手抓也是基于这个原因。国力强盛、衣食无忧的同时，精神意识形态的东西，自然就会自发地被人们所关注。若衣不蔽体、食不果腹，名家字画也只不过是废纸一张，羊脂白玉也只不过是顽石一颗。

中华民族在经历了百年沧桑以后，终于重新回到发展与建设的正确状态上。新中国从 1978 年十一届三中全会确立"大力发展经济"的国策至今，经济的发展初有成效。中国的国际影响力，随着国力日趋增强，正在逐步再现古代中国曾有的辉煌。东方巨人正在徐徐站起，相信不久的将来，又将重新屹立在世界的东方。

图1-13 观音、弥勒、佛陀，永远是传统玉雕文化中最受追捧的题材

而百年来，几乎失传的中华传统文化，也随着中国国力的逐步恢复，渐渐正在重新迈入炎黄子孙的视野。作为新一代华夏文明的传承人，许多专家学者正在诸多古籍善本中，重新发掘和整理着，曾经因为战乱和动荡，而几乎被世人遗忘和忽略的中华文化，又开始重新被大力地倡导和推广着。在笔者周围，就遇到过许多致力于传播中华文化，倡导中华文明的真人真事。笔者相信，当一个国家经济实力抬头的同时，文化也一定会紧随其后、形影不离。

那么，在传统文化重新起步的同时，作为中华传统文化传承的重要方式之一的"艺术品收藏"，自然肩负着至关重要的作用。回望中华民族上下五千年的历史，在诸多"艺术品收藏"门类中，与炎黄子孙一起诞生并延续至今的，可以说寥寥无几、屈指可数。而"玉文化"就是这凤毛麟角的古老收藏门类中的一项。

事实上，从人类历史上的第一件玉制砍斫器算起，"玉文化"迄今已经有七八千年的历史。笔者个人认为，"玉文化"在诸多"文化收藏"的门类中，是暂时被现代的人们价值低估了的。

图1-14　顶级红皮和田籽玉玩料。"天然去雕饰"，其上所承载的除了以百万计的市场价值外，还有几千年中华民族谦谦君子所追崇的美德

笔者也相信，文化抬头的同时，"玉器文化的收藏"一定会再现其应有的影响力。

笔者在前文比较分析过"翡翠"与"和田玉"的经济价值。作为明末清初才大量流传到中国的翡翠，直到慈禧太后的宠爱之下，才到达了一个前所未有的顶峰。其真正在中国的大规模传承时间，不过区区两三百年。而"翡翠文化"，居然能够有如此高的市场认同感和市场价值。笔者有理由相信，在中国传承了七八千年的"和田玉文化"终究会有迎头赶上、并驾齐驱的那一天！

综上所述，应该说，新疆和田玉的市场经济价值在过去的三十年中，尤其是过去的十年中，曾经十分之辉煌。笔者也相信这段"辉煌"依然会延续很长一段时间。而"和田玉文化"也必将随着国力的日渐强盛而重新拥有其在"文化收藏"界的王者地位。

第二章 软玉首重"德"

　　自本章始进入本书的重点内容。笔者将详细给读者们讲解一下软玉的鉴赏方法与各大鉴赏指标。前书笔者已经有强调：软玉的收藏与鉴赏，应遵循"首德次符"（首重质地，次重外观）的原则。本章节，笔者就先来说说软玉的"德"。

　　软玉的"德"，本书专指玉件（包括玉石原料与成品雕件）的质地。只要是有经验的玉石爱好者，任何一个玉件上手，不管是玉石原料还是玉雕成品，首先关注的，都应该是玉件的质地。请藏友们千万注意，在当今玉器收藏界，许多初学玉器收藏的玉友们普遍犯的一个严重的收藏错误，就是宝贝一上手，只关注玉件的白度外观，而忽略了玉件的质地！

　　实际上，评判一个玉件质量的好坏、档次的高低，首先不是看玉件的白度有多高，也不是看玉件的工艺有多精湛，更不是看雕琢玉件的玉匠的名气有多高！玉件上手后，藏友们首先应该关注的，是玉件的"质地"情况。可以说，不管是玉石原料还是玉雕成品，质地（也就是本书所说的"德"），才是玉件的根本。

那么，如何鉴赏玉件的质地呢？笔者认为主要可以从结构、油份（脂份）、糯性和纯度等四大指标来体现。下面笔者将一一进行详细介绍：

● **结构**

● **油份（脂份）**

● **糯性**

● **纯度**

结构

何为"结构"？在解释之前，笔者首先要着重指出一点：

通常市场上，行家们时常挂在口边的所谓的和田玉的"结构"，并不是指"珠宝玉石学"上所说的宝玉石的理化成分中的"密度"！大家知道，不管是新疆和田软玉，还是俄罗斯软玉、青海软玉，乃至韩国软玉，在珠宝学上，都是以透闪石、阳起石为主的多晶矿物集合体。它们的密度都是在 2.9-3.1g/cm³ 之间。这一点，不管是产自何处的何种软玉，都是没有太大的差异的。（相关具体内容，笔者已经在《昆仑寻梦》一书中作过明确的阐述，这里不再赘述）。

那么，所谓"结构"，到底应该如何正确理解呢？其实很简单，不管是玉石原料还是成品雕件，当藏友们对玉件进行观察的时候，通常用肉眼或者在辅助光源的照射下，所能看到的玉件内部的显微变晶颗粒状的纹理，就是玉器业内人士俗称的和田玉的"结构"。通俗的说，"结构"就是藏友们能用肉眼观察到的，玉料内部的深深浅浅、斑斑驳驳的玉材的纤维交织状纹理。

既然知道了何为玉件的"结构"，又该如何鉴定玉件结构的好坏呢？也非常简单，藏友们用肉眼观察和田玉的结构时，所见纹理越小，则表示玉料内部结构越好，玉材质地也越佳；反之，则玉料结构越差，玉材质地也越次。读者们试想一下，若观察玉料内部结构时，和田玉的结构纹理小到肉眼几乎无法看清楚，乃至几乎看不见，那自然玉料的质地极佳。结构能达到这种程度的玉料，实属难得。这种情况，也就是业内人士常说的"灯打无结构"。

需要千万小心的是，在用辅助光源观察玉件的内部结构时，有两个非常容易混淆的概念——"透光无结构"与"侧光无结构"。两者一字之差，但是所体现的内容细节却是完全不同的，需要各位玉友，尤其是初学者千万小心，务必加以区分！前部书中笔者已有介绍，本书作些补充，再全面详细地给大家介绍一下：

辅助光源的用光方法，有两种，如下图所示：

🌹 使用辅助光源观察玉件结构的方法

🌸 透光观察法

图2-1 透光观察法

如图 2-1 所示，让光源紧贴玉件表面，以 90 度角垂直玉件表面，使光线透射而过，眼睛在被观测玉件的另一面观察，这样的玉件结构观察方法，称为"透光观察"。通常，"透光观察法"是用来检查玉件内部是否有明显瑕疵的，比如：玉件内部的僵花、棉点、格裂、石墨或者磁铁矿造成的黑点等等。

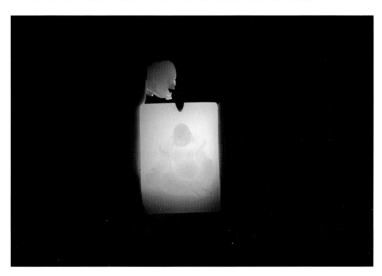

图2-2　和田籽玉弥勒方牌，结果细腻，图为"透光观察法"拍摄的照片

如果玉件内部有明显的僵花、棉点或者黑点等杂质类的瑕疵，那么我们在通过辅助光源透光观察玉件时，肉眼便能够比较容易捕捉到，玉件内部有大小不一的阴影情况。阴影越大，说明瑕疵的尺寸自然也就越大。如果瑕疵浮游在玉件的浅表，那么辅助光源透光观察玉件时，是可以很轻易用肉眼清晰观察到的。

如果玉件内部存在有格或者裂等天然瑕疵，那么在玉件中紧挨着格或者裂的玉质部位，光线的穿透情况一定是不同于没有格或裂的正常部位的。因此在用辅助光源透光观察玉件时，我们通常都可以明显看到，光线在传播时，裂的两边有非常突兀的变化——"光线的明暗交接过渡"非常突兀、十分明显。藏友们可以轻松地观察到光线传播到玉件带有格或者裂的部位时，其深浅没有渐变，明暗变化突兀而没有过渡。总之，不管是玉石原料还是玉雕成品，玉件上的格或者裂越大，光线传播时的明暗交接过渡的突变也越明显。

❀ 侧光观察法

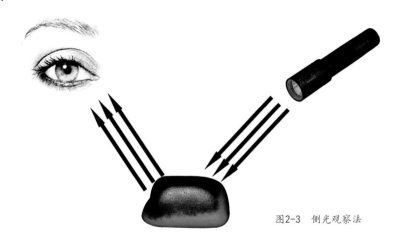

图2-3　侧光观察法

如图 2-3 所示，辅助光源的光线与被观测玉件的表面成 30 度 -45 度斜角。眼睛与辅助光源在被观测玉件的同一面，用这样的方法对玉件的表面和内部进行观察，称为"侧光观察"。"侧光观察法"主要用来研究玉件的结构情况、玉料的纯度情况，比如：玉件的结构紧密还是疏松，玉件材质有无明显阴阳面，玉件各个部位的结构差异大小等等。

观察时，辅助光源与被观察玉件之间有 8-15 cm 的距离，距离的远近，则视光源光线的强弱而定。光源的光线过强，观察距离就拉大；光源的光线偏弱，观察距离就缩小；光源的光线太弱，那就需要考虑更换光源，或者是更换光源的电池了。当然，现在有些光源使用的，是光线强劲的新型 LED 灯手电，光线实在太强，笔者建议初学者慎用，实在手边没有别的称手的手电，那就只有继续增加辅助光源与被观察玉件之间的距离了。

请读者们千万注意：不管是玉石原料还是玉雕成品件，用"透光观察法"观察玉件内部时，许多玉件的结构，都可以达到"肉眼观察看不到结构"的要求。换言之，"透光无结构"是比较容易做到的。但是用"侧光观察法"观察玉件内部时，玉件要达到"肉眼观察看不到结构"的档次，却是非常困难的。藏友们谨记，"侧光观察无结构"对玉料的结构要求是非常之高的，也就是说"侧光无结构"是非常难做到的！

笔者从业十数年，酷爱高档新疆和田籽玉的收藏，接触过的质地上佳的和田籽玉的数量着实不在少数。但是，笔者真正遇见过的，能当之无愧称之为"侧光观察无结构"的和田籽玉的原生玉料的数量，尤其是白度再好点的玉料，实在犹如凤毛麟角，屈指可数。而且即便是这寥寥无几的碰上的几次机会，玉件的价格，也远高于当时和田籽玉的市场同期水平。至于和田山料，则更加难以达到类似的水平了。

因此，在这里，笔者真诚地奉劝广大的玉友们：和田玉收藏千万要理性，追求玉材的结构细腻是必须的，但是不能一味盲目追求玉件要达到"侧光无结构"的效果。"收藏"，原本就是一种修身养性，陶冶情操的美事，若过于偏执和疯狂，便失却了其应有的意义。

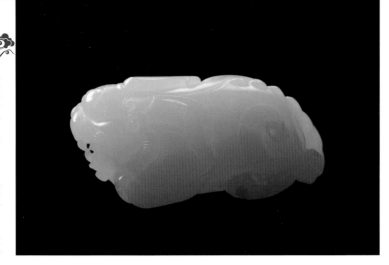

图2-4　新疆和田独籽，脂白貔貅把件，结构细腻，侧光观察很难看到结构

行文至此，笔者又要提醒藏友们注意了：

各位玉器藏友们在市场上淘宝，看中宝物后，出手购玉时，务必小心。现在市场上很多商家，在推销自己的玉件时，动不动就宣称自己的产品用手电光源观察时，可以做到"灯打无结构"。藏友们须知，这个"无结构"说不定已经在不经意间被张冠李戴、偷梁换柱——偷换了个概念。"侧光观察无结构"被偷换成了"透光观察无结构"！

因此藏友们请冷静分析，到底卖家所谓的"灯打无结构"，是指玉件用辅助光源"透光观察"无结构？还是指玉件用辅助光源"侧光观察"无结构？这是需要严格区分清楚的！因为在玉件的其他指标不相上下之时，这两种情况观察下的玉件，质地上还是有明显的好坏之分的。更何况，即便不谈"收藏"这个概念，只是简单关注其市场价值和投资价值，两者的经济价值差异之大，也是不容忽视的。

另外，讲到此处，笔者还要提醒各位藏友一点：

由于大多数玉料中，都经常会出现不同的部位，结构质地不均一的情况，所以，藏友们在观察玉料的内部结构时，千万不要粗枝大叶，看过一面便草草收场。藏友们观察玉件的时候，要尽量做到多角度、全方位地观察所执的玉件。

笔者此处给各位读者推荐一个相对全面，不容易有遗漏的观察方法：任何一个被观察的玉件，都可以想象成一个立体的空间六面体。那么，我们在观察玉件结构的时候，应该尽量做到"面面俱到"。换言之，就是六个面都需要观察到位，不要遗漏了任何一个面。而针对所谓"侧光观察无结构"的正确认识，应该是玉件在被观察的时候，肉眼无法看到其内部结构的情况，起码要出现在四个面以上，甚至六个面全部满足这个要求，这才真正能称得上"侧光无结构"！而不是简单随意地只观察一两个面，发觉肉眼看不到结构，就轻率地认为玉件已经达到结构致密，"灯打无结构"的境界了。

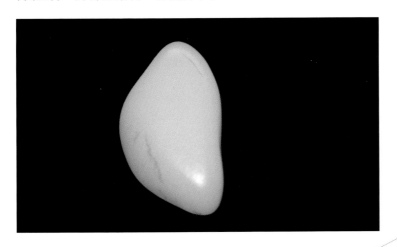

图2-5 原生新疆和田籽玉，基本达到六个面侧光观察都无结构的水准

同时，笔者再次奉劝致力于和田玉收藏的藏友们：在收藏玉石原料或玉雕成品时，虽然希望玉件内部能达到"侧光无结构"的标准，是资深和田玉收藏爱好者在投资、收藏和田玉时，素来追求的目标，但是真正能够做到"侧光无结构"的和田玉，实在少之又少。如果玉友们在对玉件结构有如此高标准的前提下，对玉材的白度又加以严要求，那这个"目标"更加是可遇不可求的。换句话说，"侧光观察无结构"而且白度上佳的和田籽料极为罕见。因此，笔者规劝藏友们，在出手购入玉石原料或者玉雕成品时，可以尽量以"侧光观察无结构"和"白度上佳"为目标，但是切莫盲目追求每件藏品都要"侧光无结构"和"白若凝脂"。这样很容易"走火入魔"，走入收藏误区，须知"'侧光观察无结构'难，难于上青天"啊。

中华玉文化源远流长，和田玉的收藏除了包含自身的玉文化外，更多承载的是数千年博大精深的华夏文明。正所谓"小藏怡情、大藏修身"，执着的、刻意的、片面的为"收藏而收藏"，或者是过分注重藏品自身的经济价值，进而唯利是图的趋之若鹜、过于偏执，都失却了"收藏"的本质意义。

笔者个人以为，收藏文化的精髓在于：收藏者们应当通过"收藏"，品味、了解和传承中华传统文化的真正奥义，进而不断提高收藏者自身的综合素养，感受中华文明中"诚心、正意、修身、齐家、治国、平天下"的根本内涵。所谓"上善若水"，智者，应遇事荣辱不惊，待人大爱无疆，传道诲人不倦，生活随遇而安。这才是"中华收藏文化"真正的内涵所在！

🌀 油份（脂份）

何为"油份（脂份）"？在详细解释之前，笔者还是要先着重申明一点：所谓的和田玉的油份（脂份），绝不是玉件自己能出油；更加不是玉件在经过人为的盘玩以后，人体的油脂渗入到了玉件的内部，进而造成的所谓"出油"的效果。

图2-6 新疆和田籽玉，皮色天然，结构一流，
一眼看上去，就有种油汪汪的感觉

前一种观点是毫无根据的，玉石作为天然的矿石的一种，自身能出油，听起来就是一件天方夜谭的事情。稍微有些生活常识的人，就能分辨这个观点有多么的荒谬。后一种观点也是完全不合常理的！和田玉的结构致密，些许短时间人为盘玩后在玉件表面所留下的油脂，怎么可能渗透到玉件的内部？这个

由天地精华、山川灵气汇集而成的大地精灵，其质地若真的如此疏松不堪，恐怕在玉龙喀什河中，受亿万年的恶劣的大自然条件作用下，早就消亡殆尽了。

一句话，笔者认为，上面的两种谬误的观点实在过于荒诞，完全是人为主观想象、臆造出来的，没有丝毫理论和实践根据。

那应该如何理性地、正确地来理解"油份（脂份）"呢？客观来讲，油份（脂份），仅仅是玉件的一种外观感受。不管是玉石原料还是成品雕件，被盘玩后所体现出来的"油份（脂份）"，仅仅是玉件表面的一种感官效果。这种外观感受，有兴趣的读者们可以从两方面去体会：

● **视觉效果**

● **触觉效果**

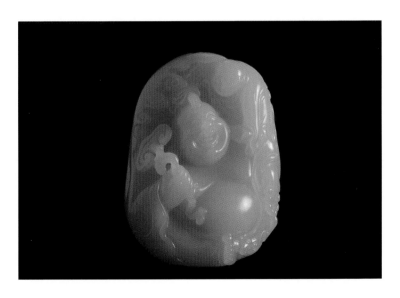

图2-7　新疆和田籽玉，婴戏弥勒把件，油份十足

图2-8　新疆和田籽玉，弥勒把件，油份十足，盘玩时滞手感极强

一方面，油份（脂份）是一种从视觉效果上看，玉件表面滋润油腻且浑厚内敛的感觉。这种感觉，非常类似在玉件表面涂了一层动物油脂一样的光线视觉感受。诚如"珠宝玉石学"上的专业术语——油脂光泽。

另一方面，油份（脂份）是一种从触觉效果上看，盘摸玉件时，迟滞且凝滑油腻的手感。这种感觉，类似在玉件表面涂了一层厚厚的动物脂肪后，再用手去盘摸，是一种直观的触觉感受。当然，盘玩者在停止盘玩玉件后，手上是绝对不会因为盘玩玉器而沾有油脂的。

高品质和田籽玉的玉件，经人工盘玩后，玉件的表面，会将这两种感受非常巧妙地有机结合：看上去，油油腻腻的，让人以为玉件是否表面被刷了层油；摸上去，细细滑滑的，还带有明显的滞手感，更加让人确定玉件表面是抹了层油；但是一旦藏友们放下手中的和田籽玉玉件，手上依然是干干净净，不沾一滴油脂。所以说，玉件的"油份（脂份）"只是一种玉件表面的外观感受。

上好的新疆和田籽玉，不管是玉石原料还是成品雕件，经过人为的盘玩后，其表面的外观感觉就会显得油份十足。那感觉就犹如某部巧克力的电视广告里说的那样——"牛奶丝滑般的感受"。另外，还有一个耐人寻味的现象：和田籽玉的玉件经肥皂水去污洗净后擦干，油润感会立刻消失，有意思的是，只要藏友们将玉件稍加盘玩，十几分钟后，油脂感即能恢复。这也许就是新疆和田籽玉，独有的神奇诱人处之一吧。

玉件的油份（脂份）好坏的判断，则十分简单，不管是玉石原料还是雕件成品，都以油润度好、油脂感强的玉件为佳。换言之，就是玉件油润感越足，藏品档次越好，收藏价值也越高。

同时，以笔者十数年的从业经验来说，玉件表面带有明显的油份（脂份）感，通常绝大部分情况都出现在新疆和田籽玉的玉件上；新疆山料的玉件，即便经过人为努力盘玩，但是油份（脂份）依然会相对欠缺些，短时间内很难有明显的突破；而俄罗斯软玉、青海软玉的玉件，即便经过人工长时间的把玩，也绝少能盘玩出油润感，难见油份（脂份）；至于韩国软玉的玉件，由于玉料质地先天不足，迄今为止笔者尚未碰上过韩料的玉件经过盘玩后，能产生油润感、能见弥足油份（脂份）的。其它那些产量有限的地方玉种的软玉，笔者就不一一赘述了。

同时，针对和田玉的成品玉器雕件，其油份（脂份）感，还会受玉雕的后道处理工序——打磨的影响。在玉雕成品件玉质上佳的情况下，打磨工艺细致到位的和田玉成品玉雕件，通常需要盘玩的时间很短（几个小时乃至几天）。稍经人为把玩，玉件就显得油润感十足，油份（脂份）跃然眼前。而玉材质地虽然不错，但是打磨工艺粗糙简单的和田玉成品玉雕件，则要花费上相当长的一段时间（数十天乃至数月），去耐心把玩盘摸，玉件表面才能渐渐出现浑厚的油脂感。有些打磨粗糙的玉件甚

图2-9　新疆和田籽玉，弥勒挂件

至需要藏友耗时数年乃至更长时间的费心盘玩，才能够看到令人欣喜的油润感。因此玉雕件打磨工艺的好坏，对于和田玉雕件的油份（脂份）明显与否，是非常重要的。

　　另外还有一点需要注意，通常来说，质地、颜色等指标基本接近的情况下，和田玉器的雕件（也就是玉雕成品），表面的油份（脂份）感，看上去要比原生和田籽玉的原料表面的油份（脂份）感来得强。初期经过盘玩，成品玉雕件也更容易产生浓厚的油润感。笔者分析其原因，主要应该是由于玉件雕琢完工后，再经人工打磨抛光，成品玉雕件表面的细腻光洁程度，要优于和田籽料原石的表面。因此，玉雕成品件在初期经过盘玩后，比玉石原料要容易产生油润感。但是，经过数年乃至更长时间的人为把玩盘摸后，就相当于人手将玉件打磨了数年，那么不管是玉石原料还是成品雕件，表面处理又回到了统一起跑线上，因此两者之间油份（脂份）的差异感就不大了。

　　同时，玉件的玉质结构的细腻程度，也会影响玉件外观的油润感。结构越细腻的玉件，视觉观察时感觉越是油份足，经过人工把玩以后效果尤佳。

　　当然，也有些质地上乘、表面毛孔细腻的新疆和田籽玉原

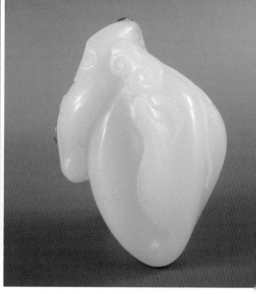

图2-10　新疆和田籽玉，寿桃把件，结构、油份、糯性俱佳

石，即使未经雕琢和打磨，其表面所体现出来的油份也是显而易见的。这些上好的和田籽玉原石，经过盘玩以后，油份（脂份）十足的视觉效果，绝对不亚于玉雕成品件盘玩过后的效果。这主要是因为，玉料原石在玉龙喀什河中，虽然经过流水亿万年的洗礼，但是由于上等和田籽玉的玉料结构致密，大自然的作用力在其表面所能留下的砂眼麻皮坑（也就是我们俗称的"毛孔"），是非常细小，十分细微的。故而从视觉效果上看，虽然是未经人工打磨的玉石原料，但其表面的毛孔也是非常细腻的。因此，质地顶级的和田籽玉原料虽然未经任何人工打磨抛光处理，但其油润度也能不亚于成品雕件。而极少数顶级的和田籽玉原石，其表面的油份甚至更胜成品雕件一筹。

最后，读者们还需注意区别两个不同的概念："油脂光泽"与"玻璃光泽"。和田籽玉的玉件，通过人为盘玩，在其表面产生的油亮却不刺眼的反光效果，就是业内常说的"油脂光泽"，这是正确的，这种光泽通常都是内敛而略带亚光的。但是，硬度高的宝玉石，通过人工使用抛光工具，在其表面制造的类似玻璃一样的反光效果，则是业内常说的"玻璃光泽"，也就是资深和田玉玩家最为唾弃的"贼光"，这是不可取的。

这两个不同却相像的概念，在玉件表面上体现的时候，初学玉器收藏的朋友非常容易混淆。由于玉件表面油润亮泽的感觉，是和田玉爱好者们在盘玩玉件时所热切追求的。因此，为了达到类似的效果，现在绝大多数低档软玉的玉雕成品件，商家们都会对其进行抛光处理，以追求类似"油脂光泽"的效果。

软玉的摩氏硬度达到 6 级，比玻璃的硬度要高，故而玉在高抛光的处理下，显现出的不但不是"油脂光泽"，更有点近似"玻璃光泽"的效果。藏友们要小心，两者虽然同样是光泽明亮，但是，"油润光泽"亮虽亮，这个亮是油亮，其光线很柔，反光效果也不强，光线不扎眼；而"玻璃光泽"不仅明亮，光线还非常刺眼，反光效果犹如玻璃镜面一般，非常强烈，就是

图2-11　新疆和田籽玉，天地夹心皮顶级玩料，油份十足

图2-12　新疆和田籽玉的油脂光泽虽亮却不刺眼，玉件表面反射光线柔和

业内人士俗称的"高光"（或者叫"玻璃光"）。其实只要藏友们稍微细心一点，两者的差异还是比较容易区分的。

多年来，笔者遇到过许多初学和田玉收藏的朋友，误将人工处理的"玻璃光泽"当成了和田玉的"油脂光泽"，进而吃亏上当。因此藏友们在收藏与鉴赏软玉的玉雕成品件时，要注意区分"玻璃光泽"和"油脂光泽"的不同，以免造成不必要的经济损失。

图2-13　天然A货翡翠表面所追求的类似玻璃的高光，
明亮刺眼，恰恰是和田籽玉所避讳的

 糯性

何为"糯性"？首先说明一点，"糯性"，也只是玉件的一种外观感受。"糯性"，往往是很多初学和田玉收藏的玉友们，学习、理解玉料的质地时，碰上的最大难点。

究竟应该如何正确的理解糯性呢？笔者这里有个形象的比喻：

日常生活中，人们经常采用糯米煮粥来食用。将糯米淘洗完毕后，我们耐心地花上几个小时的时间，用文火慢慢地熬煮。熬成后的糯米粥，看上去浓浓的黏黏的稠稠的。当我们把粥盛出来后，稍待其冷却片刻，所盛出的粥表面就会冷凝而形成一层粘稠状的、糯糯的粥衣（有些方言中称之为"米油"，笔者认为这个词把"油份"的元素也引入进来，很是贴切）。这糯米粥的表面遇冷凝结而成的粥衣，就是糯性的最好体现！有兴趣的读者，可以尝试自行熬煮一下糯米粥，观察一下"糯性"的视觉效果。

值得注意的是，在现实的和田玉收藏案例中，藏友们用肉眼观察玉件的时候，不管是玉石原料还是玉雕成品，能够轻易观察到"糯性十足"的玉件，为数并不多。这是什么原因造成的呢？按经验分析，许多结构上乘的和田籽玉原料，会受到玉料的其他指标的影响，而造成"糯性"无法体现。例如，玉料的颜色过深，造成不易观察到糯性，亦或者是玉料的皮色过多而掩盖了糯性等等。而玉雕成品件的糯性体现，除了受到玉料本身指标的影响外，还会受到打磨工艺处理的影响。笔者就时

图2-14　新疆和田籽玉，福至心灵把件，糯性十足

常会碰到和田籽玉的玉雕成品件，因为打磨工艺不理想、处理不到位而造成玉件表面看上去干涩异常，甚至贼光四溢的情况。从视觉效果上看，这些处理方式往往会导致肉眼观察不到"糯性"的存在。这也是"糯性"相比油份（脂份）要难于理解和掌握的原因。

　　通常来说，和田玉件的"油份（脂份）"的体现，与玉料的颜色是没有任何关系的。但是，玉件的"糯性"是否能得到充分的体现，却跟玉料的颜色有着相当密切的关系。这一点，两者是截然不同的。

　　总结分析来说，玉件要想体现出糯性，玉料的颜色必须是相对比较浅的。同时，偏暖色调的玉料，比偏冷色调的玉料，要更容易体现"糯性"。事实上，不同的玉料在"糯性"的体现上有强有弱。但是真正能够淋漓尽致地展现完美浓厚的"糯性"，则需要玉料质地上乘的同时，其颜色还不能过于偏暗偏深，最好是白色。而且玉料必须是质地浑厚凝重，也就是业内常说的"玉料非常老结"。因为只有这样，才能保证，这个"白色"

图2-15　新疆和田籽玉，童子击鼓把件，糯性极佳

的外观既不水透、又不发飘，而是内敛沉稳而凝重饱满的"脂白色"。最近几年的软玉收藏市场上，有很多白度不错的玉料，而且通常都是大块度的和田籽玉切开来的玉料。这些玉料侧光观察结构也还过得去，但是就是看不到玉料的糯性。究其原因，就是因为玉料太"嫩"，玉材质地不够老结造成的。

而上述这些，恰恰也是"羊脂白玉"的一个重要指标。想来这应该也是五千年玉文化流传至今，虽"沧海已化作桑田，顽石皆布满青苔"，然多少爱玉、迷玉、痴玉的文人墨客，对于"羊脂白玉"的孜孜追求从未改变的重要原因之一吧。

当然，仅就"糯性"而言，笔者偶尔也曾经在真正的熟栗黄色的和田籽玉雕件上观察到过。但是受玉料的原生颜色的影响，相对来说，糯性的视觉效果就要略逊一筹了。

在《昆仑寻梦》一书中笔者曾有详细的讲解，依照"博燚斋企业标准"（目前国际国内软玉市场上，现行的国标与行业标准都过于简单，归纳和定义也过于粗略和笼统，漏洞多，非常不严谨），软玉按照颜色来严格的分类，可分为：白玉、青白玉、青玉、黄玉、墨玉、碧玉、墨碧玉、青花玉和糖玉等九大类。

这么多玉料中，通常比较容易能直观体现出糯性的玉料，则以白玉中色泽凝重内敛的玉料居多，黄玉和青白玉次之。其他类颜色的玉料，则因为玉料本身的颜色过于深、过于暗的原因，非常难以观察到糯性。

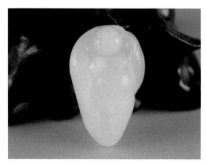

图2-16　新疆和田独籽，脂白油糯弥勒挂件

也就是说，玉料的颜色一旦偏深，视觉效果上看，糯性就偏弱；玉料如果是深色的，那么哪怕是结构再好的和田籽玉，肉眼都很难观察到"糯性"了。但是，玉料颜色不管有多深，也不会影响我们对其油份（脂份）的观察。

正是因为上述原因，市场上有许多结构细腻、油份上佳的玉料，玉质虽然老结凝重，但是由于玉料的颜色发青，经常肉眼观察不到糯性。不过个人认为，这样的玉料，只是视觉效果

图2-17　新疆和田籽料，一路连科挂件，顶级熟栗黄色，糯性明显，油份十足

图2-18　新疆和田籽玉，独籽世事英武，暖色调的玉料非常容易看到糯性

观察不到"糯性"而已，并不等于玉料的糯性就差。

　　事实上，按照玉料的特性去常理化推断，不管视觉效果上是否能看见，"油份（脂份）"与"糯性"应该是相辅相成的，"油份（脂份）"好的玉料，其"糯性"应该也好，反之亦然。之所以很多颜色较深的和田玉的玉料，藏友们通常会过多地探讨其油份（脂份），而较少谈及其糯性，恰恰是因为：我们在肉眼观察不到玉料的"糯性"之时，便时常容易忽略这个概念，进而不提这个概念罢了。但是，"不提糯性"并不等于"糯性不存在"！

那么，"结构"、"油份（脂份）"、"糯性"三者之间有无相关的联系和影响呢？答案是肯定的。

　　藏友们要千万注意，和田玉的玉件的"结构"好坏，跟玉件的"油份（脂份）"和"糯性"的好坏，不是完全呈正比的。我们知道，不管是和田玉的玉石原料还是玉雕成品，玉件的结

图2-19　新疆和田籽玉，弥勒挂件糯性的体现对玉材的颜色也有一定的要求

构越致密，经过盘玩后，则玉件的油份（脂份）和糯性也越好；反之却不一定如此！也就是说，有些和田玉件，经过盘玩后油份（脂份）和糯性上佳的和田玉玉件，我们用侧光观察其内部结构时却发觉，结构未必很好！

　　有些新疆和田籽玉的玉件，用光源侧光观察时，结构很一般，但是经过盘玩后，其油份（脂份）和糯性也可以非常不错。

　　笔者从玉至今，碰上过许多类似的案例。图2-21这件"白玉雕代代封侯手把件"，原料采用的是新疆和田的籽玉，白度非常不错，但是玉件内部结构相对比较一般。最初，笔者对这件藏品并不

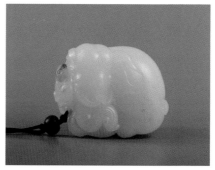

图2-20　新疆和田籽玉，封侯拜相把件，结构细腻，油份糯性也上佳

十分看好。但是，玉件经藏品主人数月的随身佩戴、把玩之后，随即变得油份十足，糯性也非常明显。整个玉件通体温润内敛，

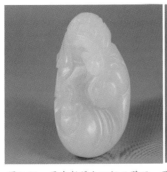

图2-21 原生新疆和田籽玉雕琢，脂白代代封侯把件，结构一般，意外的是经过
人工盘玩后，油份与糯性都非常到位

人工盘玩的变化效果明显，很是喜人。

盘玉

讲到这里，需要给大家介绍一下如何对玉件进行正确的盘玩，也就是藏友们常说的"盘玉"。

常见的盘玉方法，通常可以分为"文盘"跟"武盘"两种。

文盘

● 缓盘

● 意盘

武盘

● 急盘

　● 急盘工具

● 速盘

❦ 文盘

　　所谓"文盘"，顾名思义，就是用温文尔雅的方法来盘玩玉件。"文盘"又可以细分为两种方法——"缓盘"和"意盘"。坦白说，对于盘玩上好的和田玉，笔者个人观点认为，只有用"文盘"是最合适的。

　　何为"缓盘"？藏友们将玉件随身佩戴，或者将玉件置于随身的包、袋之中，无暇时，任其自然闲置；在工作、学习或者生活的闲暇之余，得便就将玉件取出，置于手掌中把玩盘摸，长此以往，数小时、数日、数月或者更长些时间持续下来，玉件自然变得油润浑厚，精光内敛，这就是"缓盘"。

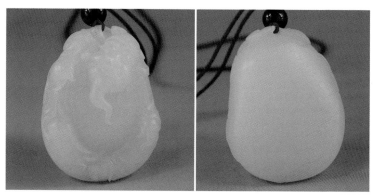

图2-22　新疆和田籽玉，天官赐福挂件，缓盘出来的效果显得沉稳大气，油润凝重

　　何为"意盘"？藏友们将玉件随身佩戴，或者将玉件置于随身的包袋之中，然后便听之任之，不经任何手工的把玩，只是让玉件随身天长日久地感受人气。佩戴者（携带者）除了经常用意念、用思想去想象玉件色泽的变化，油润感的变化，浑厚感的变化之外，不采取任何的物理措施和手段去把玩玉件，这就是"意盘"。

图2-23　新疆和田籽玉黄皮玩料，意盘两年后的效果，沉稳内敛，凝重大方

　　依笔者的经验来看，使用"缓盘"和"意盘"两种方法盘出的和田玉玉件，色感柔顺，色泽内敛，而且玉件上手后，给人感觉油润饱满，油光十足，并且玉件表面的反光也不扎眼。可以说，用"文盘"的两种方法盘出的玉件，通体温存幽静，外观丝毫没有刺眼的感觉。那天长日久的把玩摩挲，那经久不歇的佩戴，那岁月悠悠在玉件表面逐渐留下的时光烙印，总是那样的幽远而不乏深邃、沉稳而不失大气。所有这些，都与中华民族的谦谦君子们所提倡的"仁、义、智、勇、洁"的美德完全契合。无怪乎古之圣人要"以玉比德"，"君子无故，玉不去身"了。

图2-24　新疆和田籽玉，洋洋如意把件，缓盘作用下的油份效果

　　当然，同属"文盘"的范畴，但是"缓盘"与"意盘"之间，略微还是有些差异的。相较而言，玉件通过"意盘"而出效果所费的时间，要长于"缓盘"。但是玉件经过"意盘"而展现出的效果，要比"缓盘"更胜一筹。只是通过纯粹的"意盘"方法

来把玩玉件，需要盘玩者有相当的耐心和忍功，抵受住对玉的痴迷感；盘玩时，真正做到听之任之，做到老玩家口中常吹嘘的"手中无玉而心中有玉"，戒骄戒躁、不温不火，天长日久、持之以恒。有道是"知易行难"啊，这个方法真正做起来，是有相当难度的。尤其对于初入门的藏友，刚开始接触和田玉文化的那份神秘感，往往会让人热情似火。再加上新手上路，已有玉器藏品的数量相对也不多，面对着手中仅有的几件精美的玉器藏品，那种急于求成，迫切想要盘出喜人的效果的急切心理，不是轻易能够控制的。说来惭愧，笔者自己在推崇"意盘"

图2-25　新疆和田籽玉，黄沁貔貅挂件，此类玉件贴身佩戴，效果极佳

的方法之时，却由于天生个性急躁，尚未能对自己收藏的宝贝玉件做到完全"意盘"的境界。笔者个人以为，纯粹的"意盘"，是非常考验个人涵养的，也是最能锻炼一个人处变不惊能力的盘玉方法。

另外，有个概念需要澄清一下：

笔者在"意盘"中所说的"随身佩戴"方式，是有别于爱好者们将和田玉挂在胸口的"贴身佩戴"方式的。本书中所介绍的"随身佩戴"，应该是玉件不直接跟人体的皮肤接触的，这才属于"意盘"的范畴。在笔者从玉的这些年中，时常碰到玉友们把玉件直接贴身佩戴于胸口的情况。事实上，通常来说，但凡是质地稍微过得去点的和田籽玉挂件，经过玉友一个晚上的贴身佩戴，第二天清早

图2-26　新疆和田籽玉，鲤鱼挂件，质感凝重，白度一流，
此类玉件最适合贴身佩戴"缓盘"

起床观察,基本就能"出油"了。这类盘玉的方法,则属于"缓盘"
的范畴,而非"意盘"的范畴。因为不管是贴身佩戴于胸口,
还是用手把玩摩挲,都是人为地造成了皮肤直接的接触玉件了。
因此"贴皮肤佩戴"玉件的盘玩方法,所带来的玉件的变化效果,
都属于"缓盘"的范畴。

💮 武盘

下面再来说说"武盘",顾名思义,就是用比较激进的方
法来盘玉。"武盘"又可以细分为两种方法——"急盘"和"速盘"。

坦白说,由于"急盘"和"速盘"这两种盘玉方法,都过
于急功近利、急于求成,因此笔者个人是不太认同"武盘"的
盘玉方法的!尤其是盘玩那些玉质上佳的和田籽玉玉件,不管
是"急盘"还是"速盘",笔者非常反对使用这类的盘玉方法
来把玩玉件。

急盘工具

● 植物棕毛刷

● 动物鬃毛刷

● 猪鬃毛刷

● 马鬃毛刷

● 毛巾（纯棉材质，干净，白色为佳）

何为"急盘"？为了尽快使玉件呈现出充足的油份，展现出弥足的包浆，盘玩者只要有空余时间，就用刷子或毛巾等工具，对玉件进行不断地摩挲和盘刷（有些玉友甚至在说话聊天、电视休闲的时候，都在不停地摩挲盘刷玉件），使玉件在很短的时间之内，就变得油亮光泽，以达到所谓"油份十足"的效果，这就是"急盘"。

"急盘"最常用的工具就是毛刷和毛巾。

图2-27　用猪鬃毛制成的刷子，盘刷玉石效果很快，但是笔者建议不要频繁使用

毛刷的"毛"主要选用植物棕或者动物鬃。植物棕毛刷的棕毛取材常见的是棕树的棕丝，棕丝成本低廉，且其内富含植物蛋白。动物鬃毛刷的取材常见的是猪、羊或者马的鬃毛或者尾毛，使用这些鬃毛制品造价相对不高，

同时鬃毛中富含动物蛋白。

毛刷在不断盘刷摩挲玉件的时候，相当于对玉件进行不断的打磨，而且高速摩擦必然带来摩擦接触点的温度相对增高，再加上毛刷本身的植物蛋白或者动物蛋白作用，玉件很快就能油光蹭亮，油脂感也非常明显。以笔者个人经验来说，仅就盘刷后的出油效果而言，动物鬃毛制成的毛刷比植物棕毛制成的毛刷效果来得还要明显。不过刷子成本相对比纯棉质地的毛巾要高些，而且有些毛刷制作工艺粗糙，质量低下，使用时间稍长，立即就开始掉毛，所以很多玉友并不太喜欢用毛刷。

毛巾的选用方面，也略有讲究。通常来说，最好选用纯棉质地的毛巾，因为纯棉质地的毛巾植物蛋白含量高，盘刷的效果会好些。另外，毛巾的颜色最好选用没有染色过的白色，以免盘刷玉件时毛巾掉色，造成不必要的麻烦。当然，毛巾肯定是选用干净的毛巾，这一点，应该无须笔者再着重提醒了吧？

相对来说，最近几年，使用纯棉毛巾对玉件进行盘玩的玩家，数量越来越少了。笔者分析其原因，主要有三点因素：

其一，因为现今市场上常见的鬃毛刷的质量越来越好，制作工艺也越来越精致，鬃毛刷一改以往制作低劣的情况，渐渐耐用起来。

其二，纯棉毛巾刷玉，时间一长，就会在玉件的细微转角部位或者玉件镂空的部位，留下很多细小的毛毛，还需重新清理，比较费事。

其三，也是最大的一个原因，就是成品玉雕件的一些雕工精细的部位，使用毛巾盘刷时，经常无法触及到。

受局限于以上一些客观原因，选用毛巾盘刷摩挲玉件的藏友，自然就日渐稀少起来。

何为"速盘"？为了在最短的时间内，使玉件表面尽快达到油泽光亮的效果，常见一些老玩家们，会定做各种大小不一的锦囊，然后在锦囊里灌满麸皮或者砻糠屑等材料，接着将需要盘刷的玉件按照不同大小，放入不同的锦囊中，收紧囊口，最后随身携带。随身携带还不算完，一有空余，锦囊的主人便不断地盘捏、揉搓那装有玉件的锦囊。稍微假以时间，玉件表面就能变得油光蹭亮，其光泽甚至能赶超机器带动下牛皮辊子打磨的效果，这就是"速盘"。

记得很多年前，笔者有位同好，就曾经使用"速盘"的办法，把一块价值不菲的上等和田籽玉"玩料"（关于"玩料"，笔者在《昆仑寻梦》一书中已作详细讲解，这里不再赘述），盘玩得油亮刺眼、贼光四溢，令人大生烦恼之心。无耐，只好忍痛割爱，请玉匠雕成了个貔貅把件，然后以一个极不情愿的价格，出让给了别人。这块料子按照 2012 年的市场价格来计算，其价值的保守估计，起码也要在八九十万以上，实在可惜！

坦白说，笔者个人以为："急盘"和"速盘"两种盘玉之法，所造成的玉件表面的光泽效果，"油"固然是油了，但是却不"润"，当然更加谈不上"内敛、浑厚"了。换句话说，"急盘"和"速盘"所带来的玉件表面的光泽效果是非常之刺眼，非常之不柔和的！用老行家的话来说，这种油光的"火气非常重"，完全不具备和田籽玉所应有的沉着且浑厚、内敛的凝重之感。

图2-28　青海软玉黑青细料，机工关圣牌。机器抛出的"玻璃光泽"，往往被误导为"油脂光泽"

但是，对于初学和田玉

收藏的朋友来说，"凝重内敛的油"与"贼亮刺眼的油"是非常难以区别的。笔者在闲逛花鸟市场和古玩城的时候，时常看到很多店家的老板坐在店堂之上，手执鬃毛刷拼命地盘刷手中的玉件。读到这里，个中缘由，相信读者们不需要笔者明说了吧？

现在是而是二十一世纪信息时代，网络上面流传着各种各样盘玉的方法和指导细节。初学藏玉的朋友，对于网上传播的许多玉器相关的知识，分辨是非对错的能力不是很强，往往不加思考、不经分析和筛选，对这些方法全盘接受，照搬照抄并付诸实施。最终的结果，很多上好的玉件被盘玩得大失水准，表面的色泽贼亮虚浮，毫无凝润之感。

需知，玉件一旦被盘玩出刺眼的贼光，则需要藏友花上很长的时间，数年如一日（甚至更长时间），耐心地细致地慢慢地用缓盘的办法去补救，才能够重新恢复其应有的光华。当然，还有一个快速恢复的方法，就是花上一笔冤枉钱，重新请工匠打磨，恢复成新雕玉件的质感效果，这自然也是不可取的。因此，采用"武盘"之法盘玉，实在是南辕北辙，相当不妥。

请各位读者注意，本书是介绍新玉的鉴赏与收藏，这里的盘玉方法，也是仅仅针对新玉而言的，与古玉的盘玩方法无关。最后，一言以蔽之：盘玉之法万变不离其宗，建议持宝人首先要有耐心，要真正去理解五千年中华玉文化的精髓！

综上所述，对于新玉的盘玩，笔者只提倡"文盘"之法！尤其是对于质地上佳的和田籽玉，笔者强烈建议藏友们盘玩时，尽量不要选择"武盘"。有道是"石不能言最可人"，自古以来，君子秉性温润如玉，这"大地之精"的博大深厚，是万万不该被那飞扬跋扈的谬误光泽所错误掩盖的。

纯度

以笔者这么多年的从业经历来说，"纯度"这个指标，不管是藏友还是商家，提的相对都比较少。包括笔者自己，早年收玉石原料的时候（尤其是收原生和田小籽料），也不太在意玉料的"纯度"。分析一下原因，主要有以下三点：

其一，早些年市场上，收藏新疆和田玉的玩家数量相对较少，而新疆和田籽玉原料的存量又相对比较多。品质高的籽玉原料，自然也为数不少。这些上好的玉料的"纯度"通常都是比较出色的，收购玉石原料时，根本无需过于关注"纯度"这个指标。

其二，千禧年后，新疆和田籽玉的矿场——玉龙喀什河河床，开始了全面的大规模机械化挖掘。新发掘出的高档的和田籽玉原石的数量，相对也比较可观。而这些玉料大部分是比较高品质的，依然无需过多地关注其"纯度"。

其三，早年和田玉的市场，专业收藏和田玉的玩家数量屈指可数，很大一部分和田玉收藏的人群，主要都集中在那些上了一定年纪的离退休男性收藏爱好者身上。由于收入有限，大大限制了他们对和田玉的购买能力，故而这些爱好者们收藏和田玉的风格是不温不火、可有可无的，完全不似现今市场如此狂热。

因而，市场上流通的和田玉藏品的数量绰绰有余，已经足够早年的玩家们去追逐。

简单地说，早年的和田玉收藏市场，是供过于求。和田玉的市场需求量远远小于现在的市场需求量，因此和田玉市场上，在销售中的高档和田籽玉十分常见。这些上好的玉料，是基本

图2-29　新疆和田籽玉，只有纯度上佳的玉材，才能做平安无事牌

不用考虑"纯度"这个鉴赏指标的。

因而，早年笔者在收购和田籽玉的原料时，可供选择的高档玉料很多，玉料的纯度大体上都不错，习惯性的也就不太在意玉料的"纯度"了。

但是近几年来，随着新疆玉龙喀什河的和田籽玉的矿脉开采殆尽，采玉人的挖掘机从玉龙喀什河的下游一路往上游开挖、推进。随着玉料挖掘点的海拔逐渐升高，开采出来的原生玉料数量越挖越少，玉料的块度却越挖越大，发掘出的玉石原料的质地也越来越差，"纯度"这个原先往往为人们所忽略的玉料鉴赏指标，也就水到渠成地浮出了水面，逐渐提上了议事日程。

何为"纯度"？简单地说，纯度，就是玉石原料或者玉雕成品内部的质地均匀程度。"纯度"的鉴赏，需紧扣"匀称"二字。毫无疑问，玉石原料或者玉雕成品的纯度越高，自然档次越高。那么，"纯度"的好坏，应该如何来评判呢？藏友们可以从以下三个方面来鉴赏：结构情况、颜色情况、杂质情况。

结构情况

● 阴阳面

颜色情况

● 同料色差

● 穿糖

杂质情况

● 僵花

● 黑点或黑斑

● 格、裂

● 水线

🌸 结构情况

结构情况，主要是观察玉石原料或者玉雕成品的内部结构的匀称度。

不论是玉石原料还是成品玉雕件，"纯度"越高的玉件，其内部结构越均匀，结构的纹理大小也越均一，越没有明显的结构纹理尺寸大小的差异。换句话说，就是"纯度"高的玉石原料或者成品玉雕件，在其内部任取两个不同位置的点比较，

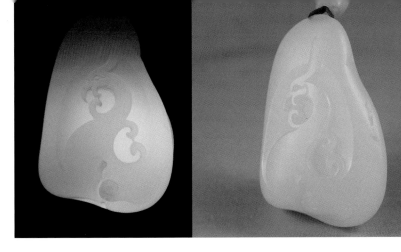

图2-30　新疆和田独籽，脂白苏工凤凰挂件，侧光无结构，纯度极高

基本上结构纹理的尺寸大小都是非常接近的。肉眼观察"纯度高"的玉件，不管是侧光观察还是透光观察，都是不容易观察到玉件的内部不同位置明显的结构粗细之分的。换句行话，也就是业内人士常说的玉件的结构"阴阳面"很小，非常不明显。

可惜时至今日，市场上此类上等的和田原生玉料，已经比较难觅了。这样的玉石原料，给人感觉通体的料性一致；即便是用光源侧光观察，也是整块玉料浑然一体，没有明显的突兀的结构纹理上的交接过渡。业内人士常用三个字来形容玉料的这种结构情况——"一口气"。

🌸 阴阳面

读到此处，有些朋友会问，什么是结构的"阴阳面"呢？

结构的"阴阳面"其实非常好理解：通常来说，一块天然的玉石原料，不论大小，不管是山料还是籽料，也不管是和田料还是俄罗斯料，亦或是青海料，总有结构相对细致紧密的部位，也有结构相对粗大、疏松的部位。那么，我们就把结构细致的部位称为玉石原料的"阳面"，结构疏松的部位称为玉石原料的"阴面"，这就是玉件的"阴阳面"。

那么，当玉石原料"阳面"的部分与玉石原料"阴面"的部分，两者之间结构差异基本上不大，整体结构上保持很高的一致性，很难用肉眼轻易区分玉石原料的"阴阳面"时，我们就说这块玉石原料的"阴阳面很小"，也就是说这块玉石原料的结构"纯度"很高。

除了结构的"阴阳面"外，还有些玉石原料或者玉雕成品，总体上看结构均匀，结构纹理的"阴阳面"也不是十分明显。但是仔细观察，却时常会在玉件上的某些位置，突然发现一小块甚至一大块结构相对疏松的部位。由于结构疏密情况差异比较大，在光源侧光观察的时候尤为明显。而这种视觉效果上观察所呈现的突兀的结构差异，看上去非常像人们日常生活中食用的"肉皮冻"。当然，此类情况自然会导致玉料结构的"纯度"降低。

最近几年，由于原生新疆和田籽玉矿脉的开挖殆尽，玉料开采挖掘的矿点，沿玉龙喀什河下游一路往玉龙喀什河上游推进。由于海拔越来越高，高纬度矿脉中开采出来的和田籽玉玉料，在大自然中经受的洗礼时间也不够充分。因此，开采出来的和田籽玉的原石数量日趋减少姑且不提，玉料的质地、颜色等品相也远不如前。正因为上述原因，自新疆各地的玉料源头市场，流向全国各地的和田籽玉玉料的块度，也逐渐越来越大，玉料的质地也越来越得不到保证。

因此，不论是原生玉料还是雕件成品，藏友们在出手欲收藏时，一定要仔细观察玉件的结构情况。玉件的每个面都要在有光源的情况下，侧光进行全面的观察，务求仔细到位，千万不要草草了事。因为现今市场上的和田玉件，不管是结构纹理的"阴阳面"还是突兀的结构"肉皮冻"的情况，都非常之多见。

上述两种结构情况，都是影响玉石原料或者玉雕成品纯度的，对"纯度"有害无益的。

❀ 颜色情况

颜色情况，主要是看玉石原料或者玉雕成品的材质颜色的整体性、一致性。通俗地讲，就是看玉件整体的颜色差异程度。

❀ 同料色差

事实上，现在市场上有许多玉石原料的不同部位，颜色的明暗程度、灰白程度都是不同的，笔者将此类情况称为"同料色差"。有些同块料上的不同部位色差大的玉石原料，甚至其明暗程度和灰白程度的差异可以相差一个乃至几个档次。而最近几年，随着新开采出来的玉料质地等指标的逐年下降，这种同料色差的情况在大块度的玉石原料上，尤为明显。碰上夸张点的情况，同一块玉石原料的不同部位上取下的两块小玉料，其颜色上的差异可以相差几个数量级！一小块是白玉，另一小块却是青玉，完全无法相信两个小料是从同一母体原料上切下来的。当然，判断玉料的"颜色情况"的标准毫无疑问，是同一块玉石原料上颜色差异越小，也就是"同料色差"越小，则玉石原料的"纯度"自然就越高。

事实上，玉石原料在结构和颜色上，都存在"阴阳面"的情况。"阴阳面"比较明显的这类情况，通常在大块度的玉石原料上比较多见，而在小块度的玉石原料上，类似情况不是没有，但是要相对好一些。这就是"原生小籽料"与"大料切成的小籽料"本质上的差别。这一点，笔者在本书后文的章节中，会有详细的讲解。

同时藏友们还需要注意，现在市场上很多块度较大的和田籽玉原石，原料自身是带有或深或浅的红糖色的杂质的，这种情况就叫"穿糖"。而目前的和田籽玉市场上，有相当一部分数量的和田玉成品雕件，是用大块度和田籽料切小了以后雕琢而成的。业内人士常称这种玉雕成品件为"大料开的"，意思是：此件玉器，是大块度和田籽玉切开，分别切小后，用取下的小毛料琢制而成的！

❀ 穿糖

这样的玉雕成品件上，就时常会看到有一块块或者一片片红褐色。这种红褐色，非常类似我们日常生活中红糖的颜色，因此业内人士很形象地把这种现象称为"穿糖"。这"糖色"或深或浅，深的可直逼巧克力色，浅的则薄如赭烟、似有还无（业内人士俗称"糖气"）。毫无疑问，不管是玉石原料还是玉雕成品，一旦带有这些糖色，肯定是影响玉件"纯度"的。糖色越多越深，玉件的"纯度"自然就越差。当然，不管是哪种糖色，都是对玉件的"纯度"有害无益的，一句话，玉件没有"穿糖"，才是玉石原料或玉雕成品应该具备的理想状态。

🌹 瑕疵情况

瑕疵情况,主要是看玉石原料或者玉雕成品件内部的洁净程度。

🌹 僵花

很多玉件内部含有白色的"僵花",这些僵花或大或小、或深或浅,大者状如麻豆,乃至连成片状覆盖整个玉件;小者形如芝麻,乃至细如碎屑,犹如银河挂悬一般,星点条带状分布。这些僵花,自然对玉石原料或者玉雕成品的"纯度"有害无益。玉件中僵花的体积越大,玉件的纯度则越差,玉件的收藏档次也越低。

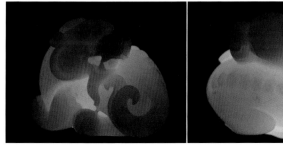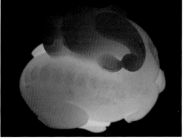

图2-31　脂白和田籽玉貔貅把件,结构上佳,可惜玉件有白僵点

🌹 黑点或黑斑状的瑕疵

还有些玉石原料或者玉雕成品件的内部,含有很多大大小小的"黑点或黑斑状的瑕疵"。这些瑕疵有的呈点状,有的呈条带状,有的呈云雾状,也有的呈片状,各式各样,不一而足。这些黑点或黑斑,通常是由于玉石原料或者玉雕成品件的内部,

含有石墨或者磁铁矿等杂质而造成的。毫无疑问，玉石原料或者玉雕成品件上，若带有这些黑点或黑斑，肯定是对玉件的"纯度"有害无益的。

行笔至此，笔者要讲个让人啼笑皆非的题外话。大约在两三年前，笔者有一天正在观看某权威电视台的一个"宝物鉴定类"电视节目。节目镜头中，持宝人亦步亦趋地呈上了一个玉制鱼缸。东西体积不小，足有洗脸盘那么大。该鱼缸是由一整块新疆和田籽玉的大料掏空了腔体琢制而成。整块玉料颜色灰白，玉料的质地由于隔着电视未曾看清楚。但是最明显的是，在玉鱼缸的拦腰处，横过来有一道两三公分见宽的石墨杂质，非常稀疏地星星点点般地环绕在鱼缸上。

这样的玉材，通常我们将之定性为"和田青白玉籽料带石墨杂质"，说穿了，就是一块低档的带明显瑕疵的和田籽玉原料。即便是把评判要求放低再放低，充其量也只能是"低档和田青花籽料"而已（关于墨玉和青花玉的定义，笔者在《昆仑寻梦——精品白玉鉴赏与投资》一书中，已有详细讲解，此地不再赘述）。但是该电视节目中的所谓"鉴定专家"，居然大言不惭地说这件玉鱼缸是一件品相还不错的"和田墨玉籽料鱼缸"。笔者当时看得是哑口无言，欲哭无泪。

自古以来，古人就对墨玉有最直白最精确的描述——"墨如漆"！读者们，要漆黑如墨，才能称之为"墨玉"啊！只要是在看这档电视栏目的朋友，但凡不是个瞎子，相信都能看到这件玉鱼缸是灰白色的，所谓的"鉴定专家"居然面不改色心不跳，言之凿凿地将其定义为"墨玉"！苦笑和无奈之余，笔者只能为中华传统文化被无原则或别有用心地扭曲而扼腕叹息了。

在新疆和田籽玉的玉石原料或玉雕成品件上，还有一种较为常见的黑点。它们不是石墨或者磁铁矿的杂质，而是一种类似水草状的深深浅浅的黑褐色的沁色。这些沁色通常都有一定的深度，自外而内，由表及里的生长。因此市场上有很多藏友也把它们归结到和田籽料的皮色里面，并且形象的称其为"草甸皮"。笔者个人对于这类"草甸皮"的存在并不感冒，它们的存在，虽然客观上好歹能够说明玉料应该是和田籽玉。但是也不支持此类黑点，因为毕竟它们深深地生长进玉料内部，或多或少的总是妨碍了玉件的"纯度"。

除了僵花和黑点之外，玉石原料或者玉雕成品件内部还有很多其他类型的瑕疵，都是会对玉件的"纯度"造成损害的，比如格、裂、水线等等。

格与裂

格与裂，无须笔者多加啰嗦了，如果玉件内部有很多的格裂，对玉件的质地造成的负面影响自然很大，当然是藏友们非常忌讳的了。玉石原料带有格与裂，如果碰上经验丰富的玉雕师傅，尚能够在玉料的毛坯设计阶段，凭着老道的经验和巧妙的设计，尽量把格与裂通过精湛的玉雕技艺给予借除。但是若遇到玉雕师傅创意匮乏，技艺一般，或者是玉料上格与裂实在太多，那藏友们就只好感慨回天乏术，望料兴叹了。

水线

下面再来说说玉料上的水线。那么，什么是"水线"呢？

69

图2-32　水线，仅仅是玉件内部形似流水的结构形态而已

最近几年笔者在外讲学时，不止一次听到这么一种说法，甚至部分资深的业内人士都表示赞同的说法：水线，顾名思义，就是水流过的痕迹，是流水在河床中冲刷玉料时所留下的痕迹，也就是业内的"水冲留痕说"。笔者个人不太赞同这种解释。原因有二：

第一，若说"水线"就是流水冲刷过玉料而留下的痕迹，那水线就应该只能是浮留于玉石原料的浅表，绝不可能深入肌理，直达玉件内部。但是玉石原料中常见的水线，很多都是深入玉料内部的。因此"水冲留痕"一说，显然站不住脚。

第二，笔者从玉这么多年，看到过很多软玉的山料，例如青海料、韩料等等，其内部也时常能见到水线。（关于山料、籽料的定义，《昆仑寻梦 - 精品白玉鉴赏与投资》一书中已有详细描述，本书不再赘述）读者们要知道，山料是没有经过流水冲刷的玉料。那么山料的内部也含有水线，"水冲留痕"说就更加无法解释其成因了。

笔者个人对"水线"的理解："水线"应该是玉石原料内部，类似流水流过的样子的结构形态。"水线"，应该只是因为某段玉料的结构纹理看上去状似流水，而根据其在玉料中所体现的样子，形象而取的名称。

以笔者的经验来看，在玉石原料上，水线部位的结构质地（包括硬度），应该和其周边没有水线部位的略有差异。因此才会出现在打磨玉件的时候，经常会在玉件表面有水线的部位留下略微凹凸不平的痕迹的现象。当然，即使手感上无法感知出差异，从视觉效果上看，"水线"对玉件"纯度"的影响肯定也是有害无益的。因此玉料上最好是不要含有水线。但是，现实是残酷的。面对和田籽玉的不可再生性，随着和田玉矿脉资源的开发殆尽，越来越多的玉友们，正慢慢地无奈地接受和包容"水线"这个瑕疵的存在。

至于"水线"是如何形成的？这类对于"收藏和鉴赏精品和田籽玉"没有太大帮助的纯学术性的问题，笔者认为还是交给地质专家们去研究、去分析比较合适。我们作为和田玉的藏家，把握玉料最根本的质地才是重中之重，就不必浪费大把的时间在这种非原则性问题上空耗岁月了。

行文到此处，鉴赏与收藏精品白玉的原则——"首德而次符"的"德"的讲解，基本就告一段落了。现今玉器市场上，各种软玉的玉料铺天盖地，玉材也是好好坏坏、真真假假，令人眼花缭乱、目不暇接。很多尚未入门乃至已入门但是修行尚浅的玉友们，一不小心便吃亏上当。笔者个人以为，和田玉收藏的根本方法，其实是"万变不离其宗"的。藏友们只要真正把握好和田玉的质地鉴赏，把握好结构、油份、糯性和纯度这四个重要的指标，不去盲从市场上很多片面的别有企图而发出的声音，脚踏实地，重德重质，那么在精品和田籽玉鉴赏和收藏的道路上，一定能越走越宽，开拓出属于自己的一片广袤天空。

第三章　软玉次重"符"

　　讲完了软玉的"德"，我们再来详细介绍一下软玉的"符"。前章我们已经叙述过，不管是鉴赏玉石原料还是玉雕成品，首先必须关注的是软玉的质地。因为软玉的质地——也就是软玉的"德"，是软玉的根本，是软玉的基础。那么除了基础之外，鉴赏软玉还需要把握哪些要素指标呢？——软玉的"符"。

　　软玉的"符"，本书专指玉件的外观，是指玉件除了质地以外的其他一些非常重要的指标。这些指标对于软玉，尤其是和田玉来说，不管对其市场价值还是收藏价值，都是影响非常巨大的。可以说，对于软玉的质地的把握，是收藏玉石的根本；而对于软玉的外观的把握，则是收藏玉石的完善和提高。没有对软玉质地的把握，就没有象征"仁、义、智、勇、洁"的君子五德；没有对软玉外观的把握，则对于和田玉的收藏永远都无法彻底深入和了解。

真正顶级的和田玉，必须是质地上乘，外观完美。玉件的"德"与"符"两者之间，相辅相成，缺一不可。"德"是"符"的基础，没有质地，外观就不可能真正完美；"符"是"德"的升华，没有外观，质地再好，也是美中不足。

那么，玉件的外观可以从哪些指标来进行鉴赏呢？笔者认为主要可以从颜色、皮色、料形和工艺来详细分析。这里要说明一下，最后两个指标，各有分工：若是玉石原料，我们赏析"料形"；若是玉雕成品，则赏析"工艺"。下面笔者一一进行详细介绍：

- ● **颜色**

- ● **皮色**

- ● **料形（玉石原料）**

- ● **工艺（玉雕成品）**

 颜色

何为"颜色"？非常简单，笔者这里说的"颜色"，就是指玉料本身所展现的色彩。"颜色"这个指标，是最迷惑新手的。很多玩玉的初学者都错误地认为：白玉（软玉），便是以白为尊；

似乎玉件只要色白，就价格不菲。这是非常片面，非常不可取的！

软玉的颜色五花八门，按照博燊斋的企业标准，通过比较市场上最常见的软玉颜色，我们将软玉分成九大类，就是：白玉、青白玉、青玉、黄玉、碧玉、墨玉、墨碧玉、青花玉和糖玉等九大类。在这些不同颜色的软玉玉料中，都存在许多质纯色正、价值不菲的玉料。同时，天工造物神奇多彩，除了这些常见的大类颜色之外，还有很多软玉，其颜色都是介于两者之间，甚至几者之间，很难用文字去精确界定，而这些玉料中也有许多玉料，市场价值相当不低。

那么，如何来判定玉料的"颜色"的档次高低呢？换句话说，在玉料的其他指标大致相同的情况下，哪种"颜色"的玉料档次高，哪种"颜色"的玉料档次低呢？其实一直以来，这一点都难以界定。即便是目前国内国际上，也没有任何一个权威机

图3-1　新疆和田籽玉，墨玉钟馗把件　　　　图3-2　新疆和田青花籽玉，荷塘雅趣

图3-3　新疆和田籽玉原石，质地上佳的白玉，永远是藏家们追逐的对象

构或者权威标准，对此有过明确的、准确的、精确的表述。

"和田玉到底以何种颜色为王者？"——这个话题，自古以来便争论不休，八千年中华玉文化传承至今，这个话题便一直众说纷纭，莫衷一是。最终，按照五行方位颜色的理论，古来圣贤的争执勉强化为"玉帛"。古人们给和田玉，界定了与五行方位相吻合的五种基本色——黄居中，碧属东，赤坐南，白归西，墨立北。也就是古书上记载的"黄如栗、碧如翠、赤如冠、白如脂、墨如漆"五种颜色。但是，即便是众家求同存异，给和田玉归纳总结，定出了这五种软玉的基本颜色，在这"五色"之中，究竟谁是王者？却依然没有能分出孰胜孰负。

和田玉到底以何种颜色为王者呢？众说纷纭……

于是和田玉的"五色之争"，自远古时代伊始，直至大清帝国时代，在争论了数千年之后，归结到了和田玉的"黄白之争"。由五色的争执集中转化为了两色的争执。酷爱和田玉赏玩的乾隆皇帝，终于提出了："和田玉，还是以白为尊吧。"不是因为乾隆皇帝深谙玉道，也不是因为乾隆皇帝精于玉雕，只是因为他是大清帝国的皇帝。堂堂一国之君的金口玉言，勉强给了"和田玉的颜色之争"大致的定性。听起来似乎有点可笑，一场持续了几千年的大争论，在一个爱玉、迷玉，却不通玉道的外行人口中，牵强的、片面的尘埃落定。自此，很多和田玉的藏家们也开始了追逐玉件白度的藏路历程。

那么，和田玉的那么多颜色，到底哪种颜色才是最好，最值得人们去称道的呢？笔者个人以为，藏友们不应该片面地把和田玉的颜色做墨守成规的定性分析。收藏和田玉，尤其是收藏上等的新疆和田籽玉，不理解和田玉文化，不了解和田玉市场，千篇一律的生吞活剥、生搬硬套，非常容易走入误区。

笔者认为，判断和田玉各种颜色的贵贱高低，应该遵循两条原则：

● "物以稀为贵"原则

● "符合传统文化"原则

那么，这两个原则，应该如何理解呢？下面详细给读者讲解：

🌸 "物以稀为贵"原则

"物以稀为贵"原则，实际上更准确地说，应该是"色以稀为贵"原则。和田玉的颜色要美，同时还要少见，才能广泛被认同，上至王公贵族，下到布衣百姓，"市场接受，才是硬道理"。其实，任何一种和田玉的颜色好坏，并非一家之言可以定性的，不管是何种颜色为尊，最终都必须经受住市场的考验。市场的接受程度，藏友们的认同程度，才是对和田玉颜色王者之争最好的考验。

事实上，和田玉的颜色虽多，但是真正色泽纯正精奇的玉料，却较为罕见。不管是何种颜色的和田玉，若其颜色真正纯澈无暇，达到了收藏级别，都是具有相当高的市场价值和市场认同感的。以笔者的经验来看，有许多种和田玉的颜色，尤其是和田籽料的颜色，当这些颜色的浓度、纯度都到了相当的程度后，都是很少见的，是非常值得收藏、非常值得传承的。例如，白若截脂，黄若熟栗；又如碧色如翠，漆黑如墨；又或者如黑白分明的青花色，这些带有至纯至正颜色的和田玉，在各自所属分类的玉料中，都是实属难得的，都是市场上相对比较少见的，自然，他们的市场价值也不菲。

当然，在诸多颜色的和田玉中，有两种颜色的玉料，是市场上最为稀有的，最为难得，也是藏友们都欲得之一二而后快的。其一，是"羊脂白玉"；其二，是"熟栗黄玉"。

"羊脂白玉"，这个传说中的顶级新疆和田籽玉中的稀世珍品，自古以来，它的宝光四溢，它的大气雄浑，它的沉稳凝练，便为历代文人墨客所称颂，所推崇，所追逐。自然，羊脂白玉所体展现的颜色——羊脂白，也就成了各种白玉的颜色的标杆。要注意，"羊脂白"不是超白，不是白得无法比拟。也就是说，不是只要玉料的颜色够白，就能称之为"羊脂白"的。"羊脂白"，是浑厚的白，是内敛的白，是白中微微透出粉黄感的白。有些高白的软玉玉料，仅就白度而言，完全能超越羊脂白。但是，它们缺乏羊脂白的凝重感，缺乏羊脂白的浑厚感。

　　初学的藏友请注意，笔者在这里多提一句，白度仅仅是羊脂白玉的诸多指标之一而已，除此之外，羊脂白玉还有质地方面的要求。（何为真正的"羊脂白玉"，笔者在《昆仑寻梦》一书中已作详细介绍，本书不再赘述）

　　"熟栗黄玉"，是新疆和田籽料中的又一个神话，也是传说中唯一能够与"羊脂白玉"一较长短，一争高低的顶级和田玉料。现今市场上，被藏友们称为"黄玉"的玉料有很多种。仅仅是针对黄玉的各种不同的黄色，收藏界就有很多说法，例如：熟栗黄、鸡油黄、秋葵黄、桂花黄、虎皮黄等等，不一而足。但是，真正名副其实的顶级黄玉，只有在玉料原生成矿时，就是"熟栗黄"的和田黄玉籽料。这种"熟栗黄玉"籽料，结构细腻、油份上佳、糯性十足、纯度一流，其罕见稀有程度，绝不亚于和田羊脂白玉籽料。"物以稀为贵"嘛，这也是"熟栗黄玉"能与"羊脂白玉"日月同辉的重要原因之一。

图3-4　　新疆和田原生籽料熟栗黄玉，笔者2004年在和田巴扎购入只需区区数千元，2013年江浙沪一带的市场价格已高达数十万元

　　相对来讲，玉料的其他类黄色，例如市场上常说的鸡油黄、蜜蜡黄、秋葵黄、桂花黄等等，这些颜色虽然同属黄色系，但是比之"熟栗黄"，在色泽的凝重感、浑厚感等方面，都相形见绌。而且市场上，时常都能碰到这些颜色的玉料，就稀有程度而言，其他这些黄色，也无法与"熟栗黄"相媲美。理所当然，"熟栗黄"凭着其得天独厚的先天条件，在众多玉料的黄色之中，奠定了其王者地位，也具备了与"羊脂白"争一时之乾坤的实力。

就目前市场的认同感而言，所有软玉的玉料颜色中，以"羊脂白"与"熟栗黄"最受藏友们热捧。

当然，玉料的诸多颜色中，除了这最厉害的"黄白之争"外，还有其他别的颜色，虽然不如"黄白之争"来得火热，但是也为很多爱玉的"好色"之友趋之若鹜、推崇备至。比如真正漆黑如墨的纯黑色，再比如纯正阳俏的翠绿色，或者是黑白分明的青花色，这些上等颜色的玉料，自古以来，都受到历代文人墨客的青睐和追逐。究其根本，这些颜色至纯至正的玉料，非常之稀有，市场保有量十分低，便是重要原因之一。

总而言之，不管是何种颜色的玉料，一旦颜色的纯度指标和浓度指标达到了一定的高度，其市场保有量必然不大，必定非常之罕见，自然，其价值也就不菲了。还是那句话——物以稀为贵！

❀ "符合传统文化"原则

"符合传统文化"原则，简单的说就是，玉文化，要与传统文化相吻合。在软玉的众多颜色中，越是与传统文化契合到位的玉料颜色，也越是受到藏友们的热捧，其收藏与投资价格也越高。

事实上，这一点也是和田玉在中国能够传承几千年的重要原因。坦白地说，外国人不懂和田玉，更没有几千年的玉文化！在国际大专院校普遍采用的珠宝玉石学课程中，对于软玉的介绍和界定，也不过是从理化成分和物理特性上做非常简单的表述，基本上属于一笔带过，未见过有针对性的对软玉分门别类地进行详细的阐述。究其原因有两点：

其一，外国人不懂和田玉，全球各地出产的各种软玉的理化成分基本是一致的。西方的价值观使然，西方人喜欢给事物定量分类，一板一眼、一丝不苟。在现有仪器无法识别软玉的其他特性，无法区分各地产的软玉差异的前提下，这些专家们束手无策，就算要分析，也无从下手，自然陈述观点、编写教材时，也只能轻描淡写、草草了事。

其二，包含着整个中华民族兴衰荣辱的泱泱五千年中华文

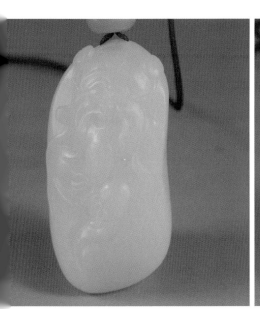 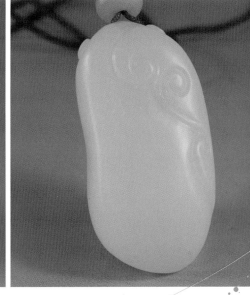

图3-5　新疆和田独籽，脂白财神挂件

明史，恰恰就是一部博大精深的中华玉文化发展史。自旧石器时代伊始至今，随着社会生产力的不断发展、不断提高，中华文明也不断进步、不断完善。而这些变化，都可以在不同时代的玉件上，通过不同的玉料选材、不同的玉雕风格和不同的制作工艺，详实地反映出来。华夏子民对于和田玉的认知，除了玉件本身之外，早已提升到了精神层面。"古之君子必佩玉"，"君子无故，玉不去身"，和田玉寄托着亿万万中华儿女的民族之魂，它是中华文明一个不可分割的组成部分，它是中华文化最直观的体现之一。而西方国家，文明继承与东方文化迥然不同，很难体会个中真意。

古人"以玉比德"，玉有五德——仁、义、智、勇、洁；"温泽以润，仁之方也；理自外而可以知中，义之方也；其声舒扬专以远闻，智之方也；不挠不折，勇之方也；锐廉而不忮，洁之方也。"我们来看看，在众多颜色的和田玉中，哪种最契合这"五德"呢？答案是很明显的——羊脂白玉。唯有羊脂白玉，结构、油份、糯性、纯度、颜色，所有的指标都是最好的，也最能体现中华民族几千年的儒家思想和圣人之道。自然，在和田玉的众多颜色中，"羊脂白"成为最受热捧的颜色之一。

然而，天地间万事万物，自混沌初开就是阴阳共生，相生相克的，绝少能有一方独大的情况。"羊脂白"最能体现圣人君子的高风亮节；而"熟栗黄"则最能展现万物滋生的根基本源。

黄色，是大地的颜色。万事万物，都是在大地上孕育，在大地上滋生，在大地上成熟，最后又回归大地。不论开始是艰辛还是顺利，也不论过程是坎坷还是辉煌，所有的大结局，却永远都是在大地上归于最后的沉寂。人生犹如南柯一梦，"如梦幻泡影，如露亦如电"，而大地母亲则用她博大的胸怀，默默注视着人间的沧海桑田，守候着天下的时事变迁。因为她知道，再强盛的精彩，再耻辱的怯懦，在她的弹指一挥间，都是要重回大地怀抱的。

再从这本源继续升华，自古以来，黄色就作为五行居中的方位代表色。居中，就代表着正统，代表着权威，代表着根本的所在。自然，黄色也就成了历朝历代的统治阶级们公认的，皇家御用的专有颜色，成了皇权的象征色，成了地位和身份的象征色。封建时代只有皇室贵胄、皇亲国戚，才有资格、有权利享用这至高无上的颜色。

自然，在和田玉的众多颜色中，黄色理所当然地占据着不可替代的重要席位。而"熟栗黄"作为玉料的各种黄色中最纯最正的颜色，当仁不让地受到藏友们的疯狂追逐。五千年来，其受热捧的程度，绝不亚于"羊脂白"。

还有前文所提及的其他至纯至正的玉料颜色，比如真正漆黑如墨的纯黑色，如纯正阳俏的翠绿色，黑白分明的青花色等等，都有其各自的深远内涵和意义所在，笔者就不一一介绍了。

总而言之，经得起历史和时间考验的玉料颜色，必然收藏和投资价值都极高。

这里笔者要多罗嗦一句：和田玉鉴赏，千万不要过分片面偏重于对玉料颜色的把握。和田玉的鉴赏，需要综合把握每一个指标，笔者为了便于读者理解，才对每个指标分解开来，逐个进行讲解。但是藏友们在鉴赏和田玉的时候，一定要把玉件的每个指标都考虑到位，争取面面俱到，相互之间融会贯通。只有这样，和田玉收藏，才能达到理性和客观的效果。

皮色

　　所谓"皮色"，是指籽料在玉龙喀什河的河床中，其表面受周围的致色元素的沁染，进而形成的天然的颜色。新疆和田籽玉的皮色（读者们注意，这里所说的"皮色"，是指纯天然，没有任何人工作假成分的颜色），是最近几年众多玉石收藏爱好者兵家必争的。

　　有些初学的朋友看到这里可能要疑惑了。前一段文章不是刚介绍了"颜色"嘛，为何此处又出现一个"皮色"。这两者是否是一个意思？若不是，那两者差异在哪里呢？

　　显然，"颜色"与"皮色"是两个不同的概念。前文所介绍的颜色，是指玉料内部的质地所具备的天然的颜色。在软玉按照颜色分类的时候，这个"颜色"直接影响软玉的定名。玉

图3-6　新疆和田籽玉，天然皮色，玩料

料内部质地显白色的，被称为白玉；玉料内部质地显绿色的，被称为碧玉；玉料内部质地显黄色的，被称为黄玉……但是，请读者们注意，在我们新疆和田籽玉中，质地白色的白玉表面，是可以后天附着天然黄皮色的，也可以附着天然红皮色或者天然黑皮色的。以此类推，和田籽玉中，其他颜色的玉，其表面一样也是可以后天附着各种天然"皮色"的。而且，不论籽玉表面附着何种皮色，都是不影响其颜色分类的。本章文字，笔者就给大家介绍一下和田籽玉的"皮色"。

和田玉以其独有的魅力承载着数千年华夏文化流传至今，和田籽玉的皮色巧雕应用，就是我们俗称的"俏色应用"，早在汉代便已有之。但是传统的和田籽玉收藏中，除了巧雕运用之外，和田籽玉的皮色在诸多收藏指标中，并不特别出众，也不太受藏友们热捧。

究其原因，因为五千年来，昆仑采玉人的传统采玉方式，除了手挖，便是锄铲。这种低效的生产工具用于和田籽玉的开采，可以说，对于和田籽玉的矿脉保有量，连皮毛都未曾伤及。因此，在过去的数千年里，和田玉的美，只是用"犹抱琵琶半遮面"的态势，向人们展示了冰山一角。正因如此，古人对和田籽玉的皮色也缺乏全面的了解和认识。

但是，从本世纪初开始，重型机械化设备进驻玉龙喀什河，几千台挖掘机日夜不停地连续作业，挖寻精美的新疆和田籽玉原石。不仅把新疆和田地区的生态环境彻底破坏，致使和田地区沙尘暴的天气比比皆是，而且昆仑寻玉几千年都未曾伤及皮毛的玉龙喀什河和田籽料矿脉，更是在短短七八年的时间里面便消耗殆尽，濒临枯竭。但也正是这区区十年不到时间的毁灭式的开挖，才让这些"集天地之精华、聚山川之灵气"的大地精灵们，彻底、全面地展示在了世人面前。世人才得以完全的洞察和田籽玉所蕴含的美好。而这和田籽玉的美仑美奂的天然皮色，也淋漓尽致地展现在世人面前，一瞬间变成了广大和田玉藏友们趋之若鹜的对象。

那么，和田籽玉的天然皮色，应该如何鉴赏呢？笔者认为，和田籽玉皮色千变万化，纷繁芜杂。要得心应手地鉴赏和田籽玉的皮色之美，最好能条理清晰、分门别类地进行一下归纳和总结（本书的后续章节有详细解说）。

藏友们经常在市场上听到许多关于籽玉皮色的名称，例如枣红皮、橘红皮、秋梨黄皮、洒金皮、油烟皮、桂花皮、虎皮黄、豹纹皮等等。各种各样的名字应有尽有，不一而足。现今和田籽玉的收藏市场上，对皮色的追求非常火热，这导致很多商家为了牟取利益，非常牵强地胡乱地给和田籽玉的皮色冠名。笔者就曾经看到过许多知名的大商家，刻意地给许多毫无美感的和田籽玉皮色，冠以各种不知所谓的名称，进而凭着店员的三寸不烂之舌，将之以令人咋舌的价格销售出去，牟取暴利。实在令人哭笑不得、啼笑皆非！

那么和田籽玉的皮色，应该如何分类呢？最直观的从颜色上来分析的话，很简单：虽然和田籽玉的皮色千奇百怪、千变万化，但是"万变不离其宗"，总是跑不出几个色系的大框框。笔者把和田籽玉的皮色，按照色系，分成四大类：红色系、黄色系、黑色系和褐色系。

和田籽玉的皮色分类

● 红色系皮色

● 黄色系皮色

● 黑色系皮色

● 褐色系皮色

　　事实上，在众多带皮色的和田籽玉中，纯粹单一的仅带有一种皮色的和田籽玉非常少见。现实市场上和藏友们珍藏的带皮色的和田籽玉，通常都是同时含有两种皮色，甚至三种皮色都有，比如红中夹黄，黄中带黑，黑中泛红，或者红黄黑三色兼而有之。那么我们在界定皮色类别的时候，应该如何处理呢？很简单，我们看在这些颜色中，哪种颜色占主导地位；也就是说，我们看在这些颜色中，哪种颜色的比例最高。如果籽玉的皮色中，红色占的比例最高，我们就称其为"红色系的皮张"；如

图3-7　新疆和田籽玉，枣红皮挂件玩料

果是黄色占的比例最高，我们就称其为"黄色系的皮张"；如果是黑色占的比例最高，自然就是"黑色系的皮张"了。

🌹 红色系皮色

先说说和田籽玉的红色系的皮张。一块和田籽玉的天然皮色，若红色占的比例最大，占了主导地位，那么这皮色便属于红色系的皮张。在和田籽料的各种皮色中，红色系的皮张，最为娇艳动人，耐人回味。毫无疑问，在自然界的众多颜色中，

图3-8　新疆和田籽玉玩料，天然枣红皮

红色，对人类的视觉冲击力当仁不让，绝对是最强的。她的艳丽多娇、她的热情澎湃，是最吸引人眼球的。

同时，国人数千年来，对于红色就有一种特别的偏爱和执着，红色一直都是忠义、正直、热情、善良的代表。过五关斩六将、千里走单骑的关二爷是红脸，寓意忠义千秋的红脸；新中国国旗的基色是红色，象征革命先辈们用鲜血染红的红旗，铸就了驰名中外的"中国红"。大家口中经年传唱的歌曲中，红色比比皆是，"闪闪的红心"，"东方红"，"山丹丹花开红艳艳"……甚至连"怒其不争，哀其不幸"的中国国家足球队的主队服，也采用红色。毫无疑问，最能代表万万炎黄子孙的赤子之情的，无疑只有"红色"。

同时，带有天然红色系皮张的和田籽玉经过人为把玩盘摸后，颜色上的变化尤为喜人。可以说，和田籽玉的红色系皮张，堪称皮色之翘楚。不禁让笔者想起白居易的千古名句——"回眸一笑百媚生，六宫粉黛无颜色"。和田籽玉的红色系皮张，恰似那花魁牡丹，雍容华贵，气吞天地。当然，这红皮之中，尚有深浅浓淡之分，笔者在后文中将会作详细讲解，此地不再赘述。

🌸 黄色系皮色

再说说和田籽玉中黄色系的皮张。一块和田籽玉的天然皮色，若黄色的比例最大，占主导地位，那么这皮色便属于黄色系的皮张。在和田籽料的各种皮色中，黄色系的皮张，最是沉稳内敛，娇而

图3-9 新疆和田独籽，深沉内敛的洒金皮

89

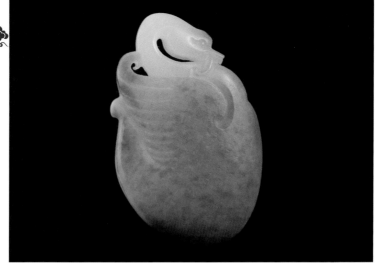

图3-10 新疆和田籽玉，黄皮我如意挂件

不艳。黄色不似红色那么直接奔放、那么华丽超群；取而代之的，是黄色的沉稳内敛，孤芳独赏的高洁，正所谓"采菊东篱下，悠然见南山"。黄色是深邃悠远的，"可以调素琴，阅金经，无丝竹之乱耳，无案牍之劳形"；黄色又是博大精深的，诚然是"谈笑有鸿儒，往来无白丁"。

同时，带有这些皮色的和田籽玉经过人为把玩和盘摸后，油份、糯性上的变化更加令人赞赏。可以说，和田籽玉的黄色系皮张，堪称皮中天骄，笔者还是引用一句古诗——"冲天香阵透长安，满城尽带黄金甲"。和田籽玉的黄色系皮张，恰似那花中君子——傲霜秋菊，超凡脱俗，朴实风华。当然，跟红皮一样，这黄皮之中，也有好坏高低之分，笔者在后文的章节中将会有详细阐述。

总的来说，和田籽玉的各种皮色中，以红色系皮张和黄色系皮张最受藏友们热捧，也最为珍贵，市场价值也最高。

黑色系皮色

再来介绍一下黑色系的皮张。一块和田籽玉的天然皮色，若黑色比例最大，占主导地位，那么这皮色便属于黑色系的皮张。和田籽玉的黑皮，早年并不是非常受人重视的，追捧者也非常之少。主要原因有两点：

首先，黑色从视觉效果上来看，相对红黄二色而言，美感要差些。黑色总的来说，不够出挑，不够美艳，不如红黄二色来得吸引眼球。

其次，自古以来在中国的传统文化中，黑色除了寓意正直、铁面无私之外，许多引申的涵义都是令人不愉快的。因此，在二零零五、二零零六年以前，藏友们对黑色系皮张的和田籽玉，并不十分看好；甚至很多老玩家对于黑皮和田籽玉的价值定位，还远不如一个光白和田籽玉的价值来得高些。（笔者自己对于和田籽玉的黑皮，就一直不是十分喜欢。早年在采购玉料原石的时候，心理价位经常比光白籽玉都要低）而且由于黑色系皮张的市场价值相对较低，因此早些年，和田籽玉的黑皮色作假也相对较少。

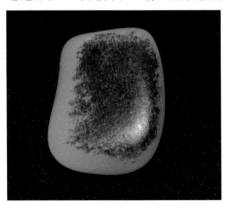

图3-11 新疆和田籽玉玩料，少见天然纯黑皮，不带一丝杂色

但是，最近十多年的时间里，软玉（尤其是新疆和田籽玉）市场的一路白热化，尤

其是 2005、2006 年以后，和田玉的市场价格直线飙升，其每年价格的涨幅令业内人士也咋舌不已，叹为观止。在这急剧膨胀的浩浩荡荡的和田玉收藏大潮的猛烈推动下，加入到和田玉收藏大军的藏友们的数量也呈几何级数的急剧上升。

由于初学和田玉收藏的藏友数量的大比例增加，作为和田籽料的重要判定依据的毛孔和皮色，便开始越来越受到重视。玉匠们在雕琢和田籽玉之时，原籽表面的红皮、黄皮、黑皮乃至无色光白的毛孔，只要能留，一定想方设法的留下。再加上老玩家们最近几年对和田籽

图3-12　新疆和田籽玉，天然黑皮原籽，
白度结构上佳

玉的红皮和黄皮的热捧，新手们也不明就里的对籽玉的皮色盲目跟风。在如今的和田籽玉收藏市场上，甚至发展到不管是何种颜色，只要是真皮色，藏友们便会趋之若鹜的境界。所谓"一人得道、鸡犬升天"，黑皮和田籽玉的价值早已今非昔比，身价百倍。这种状况不禁让笔者想起三国时，孙权夸奖大将吕蒙的一句评语——"非昔日吴下阿蒙"也。

随着大量初学和田玉收藏的玉友的加入，原本无人问津的和田籽玉的黑皮色，也开始盲目地受到追捧了。于是乎，原本无人愿意尝试的和田籽玉黑皮色人工作假，也开始慢慢的大行其道。

笔者头一次碰上和田籽玉的黑皮色作假的情况，要追溯到2005 年左右。当时由于和田籽玉的黑皮色作假不多，藏友们

在收藏时的警惕性也不够，远不如红皮色与黄皮色那么高。记得当时那整块玉料从黑色到表面的毛孔，做得惟妙惟肖。周围的资深行家们都没有在意，直到最后动刀开雕以后，才被雕工师傅发觉玉料有问题，发现这是俄罗斯糖白玉山料染色后，再人工做的毛孔。

总的来说，和田籽玉的皮色，都能归结到综上所述的三大类中。

现今的玉器市场上，和田籽玉的皮色定名千奇百怪、应有尽有，商家们为了各自的商业目的，只要可以，但凡能想象到的名字，都生搬硬套地往各种皮色上加，真正的"语不惊人死不休"！笔者个人以为，所谓"千种玛瑙万种玉"，和田籽玉的皮色，就算寻一万颗原籽，也没有两块的皮色会是一模一样的，因此，和田籽玉皮色的分类，应该遵循"定性不定量"的原则——只需按照红、黄、黑三色分大类，无须纠结个案的名字。藏友们（尤其是初学和田玉收藏的玉友们）在鉴赏和田籽玉的皮色之时，根本没有必要一定要给每个和田籽玉的皮色定量的取名字，什么枣红皮啦，什么秋梨黄啦，什么烟青黑啦等等，实在大可不必。对于皮色，上手区分一下，该皮色属于哪个色系，足矣！

讲解到这里，有两个皮色类和田籽玉收藏中常见的误区，是需要读者们注意的。

❀ 误区一：真正的黑皮

藏友们在和田玉收藏中，经常会碰到很多黑皮的和田籽玉。这黑色的皮张，有两种常见情况。一种情况，完全是纯黑色的皮张，这种黑皮是没有任何争议的；还有一种情况，皮色是因为红色的致色元素太多太浓而显黑色，这类黑皮则应该归结在红皮一类中。因为这类皮色在经过人为盘玩以后，假以时间，会慢慢变红，恢复其本来的颜色。换句话说，这个黑色，是因为红色实在太多造成的，并不是真的黑色。中国有句俗语——"红得发紫，紫得发黑"，红得太浓而发紫发黑，并非真的黑色。如果玉件的其他指标都大致相同，那么后者的收藏价值要远高于前者；盘玩时的变化和过程，也远比前者要精彩，实在不可同日而语。

图3-13　新疆和田籽玉，枣红色的皮色过浓而发黑，经过盘玩，
枣红色逐渐恢复

🌸 误区二：真正的秋梨黄皮

现在的和田玉收藏市场如火如荼，和田玉藏家们都为自己能拥有一块质地上佳，皮色上佳的和田籽玉藏品而自豪。在和田籽玉的皮色中，除了最受热捧的枣红皮、洒金皮之外，"秋梨黄皮"，也是藏友们耳熟能详的上上之选。"秋梨黄皮"是包含着黄黑二色的，于是乎，但凡带点黄色的黑漆嘛乌的籽料皮色，都被别有用心地牵强附会地称为"秋梨黄"皮。

按照珠宝玉石学的传统惯例，我们给宝玉石取名命名时，基本都是遵循"以物拟物"的原则，用相似或者相近的物件，来比拟需要取名的宝玉石，例如翡翠的玻璃种、

图3-14　黄中泛黑，真正的新疆和田籽玉秋梨皮

辣椒绿；又例如软玉的羊脂白玉、熟栗黄玉等等。那么，到底什么样的皮色，才是正宗的和田籽料皮色中的"秋梨黄皮"呢？求证的方法，其实很简单，藏友们可以自行去水果市场，买几个"秋梨"回去研究一下嘛。注意，是买"秋梨"，不是买"阿克苏香梨"，也不是买"大鸭梨"。这"梨"的种类可是多了去了，不同种类的梨，梨皮长得可是不太一样的。

那"秋梨"的皮，到底是长成什么样子的呢？事实上，秋梨黄皮，应该是以黄色为主基调（这个黄色是成片的满黄色，不像洒金皮的黄色是星罗密布的网格状），然后夹杂着一些黑色

图3-15　上等新疆和田籽玉，但天然皮色黑中泛黄，不是秋梨黄皮

（或者黑褐色），这才是真正的"秋梨黄皮"。很多和田籽玉的皮色，主体是黑色，夹杂着一些黄色（烂了的秋梨倒是此类皮色）。读者注意，前文笔者已经提过了，以黑色为主体的皮色，那是属于"黑皮"的范畴，即便带了少部分黄色，也依然是"黑皮"，这跟"黄皮"，是有本质上的区别的。那么"秋梨黄"既然能称为"秋梨黄"，那肯定是属于"黄皮"大类里面的，如果连黄皮都不是，那就更加不用谈是不是"秋梨黄皮"了！因此，藏友们千万注意，许多黑色系的皮色，根本不是"秋梨黄皮"。且不说文化价值上的差异，两者在市场价格上，也是有很大差距的，千万不要误将黑色系的皮张，当成"秋梨黄皮"收入囊中，否则可就得不偿失喽。

褐色系皮色

读者们要问了，前文的皮色分类，笔者分了四大类，怎么只描述了三大类，就把皮色全部归类完了，是不是把最后一个大类"褐色系皮色"给忘记了？当然不是。下面就给大家讲讲"褐色系皮色"。

褐色，既不同于红色，它没有红色的艳丽；也不同于黄色，它没有黄色的清雅；更不同于黑色，它没有黑色的深邃。但是它又非常接近三者：浅一点，它就往黄色变；艳一点，它就往红色靠；浓一点，它就往黑色走。所以，"褐色系皮色"，是和田籽玉的皮色中，一个相对比较模糊的概念。

但是，笔者个人认为，不管是以市场分析为依据，还是以

文化收藏为支撑，都非常有必要对褐色系皮色做一个明确的界定。十数年来随着和田籽玉市场日新月异的扩大，随着广大藏友们对和田籽玉认识的越来越普及，和田籽玉的"褐色系皮色"已不应再是一个模棱

图3-16 新疆和田籽玉，褐色皮玩料，皮下可能地质全黄，不动刀无人知晓

两可的相对模糊的概念了。

为什么说褐色系皮色是"相对模糊"的概念呢？因为一直以来，很多藏友，都把和田籽玉的褐色皮，粗略的归结到"红色系皮色"或者"黄色系皮色"之中。褐色皮中偏红的，归类到红色皮大类中；褐色皮中偏黄的，则归类到黄色皮大类中。值得人深思的是，褐色皮中偏黑的，归类到黑皮色中的情况，笔者至今尚未碰上过。原因很简单："人往高出走"嘛，人的追求自然也是往高处走的。毕竟，和田籽玉的收藏，论皮色，"红

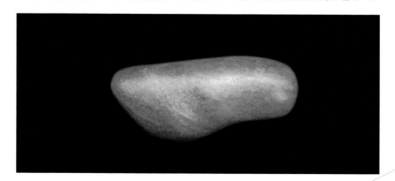

图3-17 新疆和田籽玉，褐色皮玩料

97

色系皮张"与"黄色系皮张"才是王道嘛。自然没有人,不管是商家还是藏家,会傻到把价值高的皮色,往价值低的类别里面归类。

但是事实上,不管褐色系的皮色是被牵强地归类于红色系皮张,还是被附会地归类于黄色系皮张,毕竟在颜色上,与两者还是有着相对明显的差异的。

一直以来,褐色,在众多颜色中,本就是个相对次要的辅助色系。不管是古代的五行分色(黄、绿、红、白、黑),还是现代美学的彩虹七色(赤、橙、黄、绿、青、蓝、紫),褐色,都未曾占据过一席之地。世人也很少单一地赋予褐色全新的理解和内涵。因此,相对来说,褐色在文化传承方面受重视的程度,要比其他三色差不少。

而且从市场价值观上看,藏友们就更加能直观地区分了,常言道"一分价钱一分货"嘛,在玉料的其他指标基本相同的情况下,褐皮籽料的市场价格与红皮籽料、黄皮籽料的价格,

图3-18 天然和田籽玉,褐色皮挂件玩料,造型完美,贴合身体。

图3-19 新疆和田籽玉，兽面出廓璧，天然褐色已基本全部沁透玉质

还是有明显差异的。而众多玉友们对和田籽玉皮色的追求，也是对红皮色、黄皮色的热捧程度，明显要大于褐皮色。甚至很多新手，都鲜有听说和田籽玉尚有褐色皮这一说。

之所以有必要把和田籽玉皮色的"褐色系皮色"另立一个大类来分析。说到底，是由于在当今社会的市场价格上和收藏价值上，褐色系的皮色与红色系、黄色系的皮色是有明显的差距的，实在不应同日而语。

但是，有一类"褐色系"皮色的和田籽玉，却是可遇不可求的。此类玉料乍一眼看上去，其貌不扬，通体都被褐色系的皮色包裹着，时常还会褐色中泛点灰，看上去表面色泽晦暗。而且，玉料的表面还带有或多或少的黑点，有点接近巧克力的颜色。用灯光辅助观察时，玉料皮色的透光度，也比正常皮色略有欠缺。

但这些第一眼无法让人精神振奋的和田籽玉原料，一直以来，却被为数不少的资深和田籽玉玩家所追捧。这是为何呢？

究其原因，此类和田籽玉的褐色皮之下，经常有概率出现包裹着的玉料是黄色的情况，而且是非常均匀的黄色，有些甚至是原生的熟栗黄色。原本褐色皮与熟栗色就有些接近，熟栗色的玉质而表面加上褐色的皮色，原料若没有经过加工，时常无法引起藏友们的注意，因此经常为人们所忽略而错失良机。

总之一句话——"市场，是检验藏品价值最好的标尺"。

当然，除了新疆和田籽玉外，还有些软玉的玉料，也是带有天然皮色的，比如俄罗斯籽玉，中国东北的河磨玉等等。由于这些玉料都不属于正宗和田玉的范畴，篇幅有限，笔者就不一一介绍了。读者们有兴趣的，鉴赏这些玉料和它们的皮色之时，可以根据"首德而次符"的原则，一个指标、一个指标逐步地深入分析，结果自然就了然于胸了。

笔者想奉劝藏友们一句，最近十年，市场上对和田籽玉皮色的追逐，已经到了疯狂的地步。因此人工作假的皮色也是层出不穷，而且作假手段也是日新月异，常能以假乱真。很多从玉多年的业内资深人士，都常常看走眼，时常"阴沟里翻船"。因此，玉友们收藏和田玉，首先应该理智地将着眼点放在对玉料材质的把握上，然后有条件的，再逐步地深入，慢慢了解"皮色"。尤其是初学玉的新手，对和田籽玉皮色的收藏，务必慎重！毕竟，"和田玉收藏，首重质地"，皮色再美，如果长在了僵性很重的石质上，也就黯然失色了。

关于和田籽玉的皮色，后文还有详细分类讲解，此处不再赘述。

🌀 料形（玉石原料）

何为"料形"？顾名思义，玉料的形状就叫"料形"。本书中的"料形"这个指标，是专门针对未经雕琢的玉石原料而言的。玉料如果没有经过人工雕琢，那么就没有工艺可谈，但是，玉料的形状，对玉件的价值，在不同的情况下，也有着或大或小的影响。

笔者在本书中，把本章特指的"玉料"分成两类：一类，玉料是未经任何人工切割、整形、打磨等工艺处理的原始的纯天然状态；另一类，玉料是经过人工切割、整形、打磨等工艺处理的毛坯料状态。

未经任何人工处理的原始玉料

● 大料：需要人工切割后再雕琢，或者做大型摆件

● 小料：把件料，挂件料

经过人工处理的玉料毛坯

🌀 未经任何人工处理的原始玉料

对于原始状态的玉料，就是未经任何人工切割、整形、打磨等工艺处理的原料而言，还有"大料"与"小料"之分。

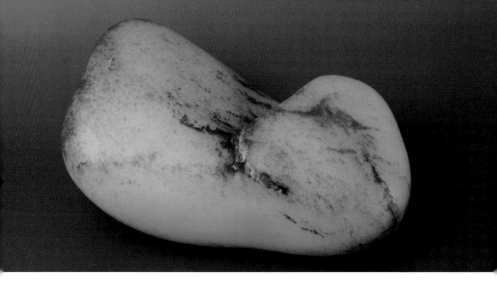

图3-20 天然和田籽玉，重1.5公斤，玉料质地、白度两全，料形稍欠。
笔者考虑切成镯坯和牌坯，或者直接做个白玉山子摆件

　　大料，是指玉料块度非常大，不适合一手握，需要先将玉料剖开切小，然后分别琢制的玉料。这类玉料只能切小了雕琢，整体雕琢的话，由于玉料的块度过大，只能做摆件，不便于随身携带把玩。通常来说，如果玉料的料形规则而整齐，那么切割的时候出料率高，玉料的利用率高，报废率也就低，玉料的价值自然就相对高；如果料形稀奇古怪，那么切割的时候，出料率相对就低些，玉料的利用率低，报废率高，玉料的价值自然也就低些。同样是一公斤重的两块玉料，一块能切出六七片玉牌的毛坯，而另一块则只能切出两三片玉牌的毛坯和一两个手把件的毛坯，两者的情况不同，价值也就不尽相同。这种情况，通常会与玉料原石的"料形"息息相关。当然，相对而言，这类大块度的玉料的料形，对于玉料的市场价值方面的影响，相对比小块度的玉料要小一些。

　　"小料"，笔者这里是指重量在三四百克朝下的玉石原料。这类玉料的块度大小非常适中，天生就是一个把件的大小，或

者天然就是一个挂件的大小。

玉石原料如果"料形"欠缺，就需要玉匠精心设计，巧妙构思，在玉件琢制的过程中间，把缺憾借除。这类玉料，其市场价值就相对低些，而且未经雕琢之前，文化价值也无法完全彰显。价格的衡量，主要着重体现在玉的材质方面。玉友们收藏这样的玉料，大体上只能视为玉雕原料来收藏，其全部的文化价值，需要经过高明的玉匠之手，才能彻底发挥。

玉石原料如果"料形"整齐而完美，那就大大的不同了。由于玉石原料的块度正好是一手抓的把件大小，或者是正适合佩戴的挂件大小，再加上完美的料形，就成了业内常说的"玩料"。

"玩料"，是资深的和田籽玉老玩家们最终极的收藏目标。"天然去雕饰，清水出芙蓉"，正所谓大巧若拙，真正顶级的和田籽玉藏品，是大自然鬼斧神工的杰作。有道是"大巧不工"，真正顶级的和田籽玉藏品，是无须任何后天人工处理和雕琢的。整块"玩料"纯粹的"不食人间烟火"，名副其实的独一无二、无可挑剔。而玩料的"料形"完美与否，则直接影响其市场价

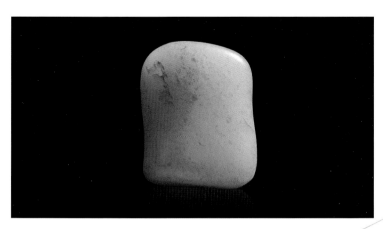

图3-21　极品新疆和田籽玉，洒金皮玩料，天然料形完美，极似一块年糕

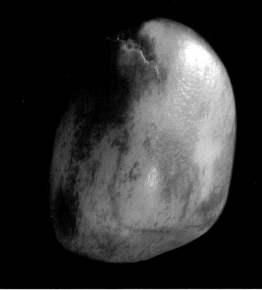

图3-22　新疆和田籽玉玩料，天然火红色的皮张美不胜收，价值不菲。
可惜顶部造型略欠完美，否则还能市值翻两番

值和收藏价值（"玩料"的概念，笔者在《昆仑寻梦》一书中已详细阐述，本书不再赘述）。

原生的新疆和田籽玉玩料，在玉料的其他指标基本相近的情况下，料形的完整度、饱满度或者是某种造型的形似度，将直接造成藏品之间档次高低的天壤之别！我们知道，既然能称为"玩料"，料形在大体上，都是比较完整，没有什么较大的缺憾的。但是即便是能被称为"玩料"的顶级和田籽玉，在玩料与玩料之间，"料形"上多少还是有些差异的。这些差异，自然就带来了玉料的市场价值和收藏价值的不同。通常来说，在其他指标都基本类似的情况下，玩料如果料形完美无可挑剔，其市场价值和收藏价值之高，也是最惊人的；如果相对料形欠缺，则强弱立判，其市场价值和收藏价值也会受很大的影响。所谓"失之毫厘，谬以千里"，有时因为料形上一点点微弱的差异，玩料之间的价值差异，甚至能翻番，十分惊人！

请读者们注意，本书所说的"小料"，是专指新疆和田籽

玉的原料。如果不是和田籽玉，那么不管是和田山料，还是俄罗斯料，还是青海料，谈"料形"都是没有任何意义的。

🌹 经过人工处理的玉料毛坯

对于经过人工整形的玉料毛坯，也就是业内所说的"毛料"而言，"料形"对其市场价值和收藏价值的影响力，就要小很多了。我们都知道，玉石原料在雕琢之前，玉匠们将其剖料整形，在整形的同时，初步除去一些大的明眼瑕疵，并修正出玉料所要雕琢的目标题材的初步造型，这些就是毛料。毛料经过初步的切料整形修正，虽然还没有经过雕琢，但是基本上已经是明眼没有太大风险的玉料了。毛料的主要价值，在于雕琢成玉件之后，

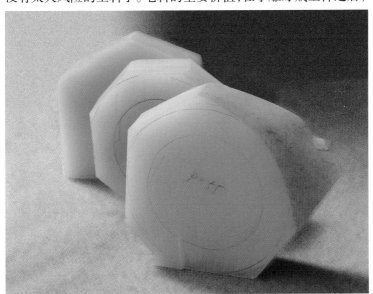

图3-23　新疆和田籽玉，镯坯原料，玉料已经切割成形，基本没有太大风险
（业内俗称"明料"），收藏投资价值极大

其市场价格的大幅度提升空间。经过玉匠们的手，把一块块看似平淡无奇的玉料毛坯，通过精雕细琢，幻化成一件件精美绝伦的玉雕成品；其收藏和投资价值，也得到了最彻底的提升。

但是在玉料处于毛坯阶段，"料形"对毛料价值的影响力则并不十分大。通常情况下，在其他指标大致相近的前提下，料形规整，能够开出镯子或牌子的毛坯玉料，市场价值就要高些；料形相对欠缺，只能雕琢成把件的毛坯玉料，价值相对要低些；料形缺憾，只能考虑雕琢挂件的毛坯玉料，价值相对要再低些。事实上，纵观毛料的市场价值和收藏价值的高低，还是遵循"物以稀为贵"的道理。尤其是新疆和田籽玉，比如说，最近两年能琢制成上好的玉镯和玉牌的籽玉毛料，越来越稀有，其市场价值和收藏价值的走势，自然也就不言而喻了。因此大体上总的来说，料形的完整度与毛坯玉料的市场价值和收藏价值呈正比，料形的异怪程度则与毛坯玉料的市场价值和收藏价值呈反比。

图3-24　天然撒红皮和田籽玉，罕见镯坯料，质地细腻老结，皮色美艳，升值潜力巨大

 工艺（玉雕成品）

上文所讲述的"料形"，是专门针对未经雕琢的玉料原石而言。而本章所解析的"工艺"，则是专门针对经过雕琢后的玉雕成品而言的。对于玉雕成品件而言，雕琢工艺的好坏，直接影响玉件价值。

当然，不同题材的玉雕成品，工艺鉴赏的思路和角度都不同。笔者把常见的玉雕题材做了一个整理和归类，大致可以分为人物件、动物件、花草件、其他等几大类型。下面一一详细解说。

人物件

动物件

花草件（花鸟虫鱼件）

其他

- 器皿件

- 玉镯与玉牌

- 仿古件

人物件

玉器人物件的鉴赏，藏友们主要可以从人物的面相，人物的身材比例，细部处理和瑕疵情况着眼，进行深入的赏析。

人物件鉴赏

- 开脸（面相）

- 身材比例

- 细部处理

- 瑕疵情况

人物件工艺的鉴赏，首重"开脸"。所谓开脸，就是人物件的面相处理，比如五官雕琢得是否端正，各器官的位置布局是否合理，面部瑕疵是否处理干净等等。

人物件的"面相"，要求写实逼真，尤其是佛教类题材，

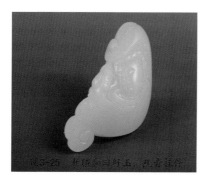

图3-25 青海和田籽玉，观音挂件

五官开脸尤为重要！佛菩萨开脸，五官必须庄重大方，布局合理，所谓"天庭饱满、鼻正脸方"，才能给人以庄严肃穆之感。故而佛教类题材的人物件面相处理，如果歪瓜裂枣、尖嘴猴腮，犹如那些粗制滥造的地摊货；或者开脸的面相五官含糊，交代不清，都是非常忌讳的。

人物件的面相处理，还有一个非常大的忌讳，就是瑕疵在雕琢时没有处理掉，依然留在了脸上！许多玉石原料内部是带有瑕疵的，比如裂、僵、黑点等。玉匠在设计玉件时，瑕疵借除方面没有考虑充分；在雕琢玉件时，又无法把瑕疵彻底剔除。结果，瑕疵留在了人物件的面部，实在是非常遗憾。瑕疵一旦留在面部，裂看上去犹如刀疤，僵看上去犹如胎记，黑点看上去犹如麻子，实在大煞风景。若为神佛类题材，则更加显得不恭敬。因此，藏友们在收藏人物件和田玉时，千万小心面部的细节处理。

人物件的"身材比例"，应该考虑尺寸分布是否得当。传统玉雕工艺常有"站七坐五盘三半"的人物件比例口诀。就是说，若人物站立，则整体的高度应大致为 7 个头的长度；若人物端坐，则整体的高度应大致为 5 个头的长度；若人物盘膝，则整体的高度应大致为 3 个半头的长度。

当然，口诀也需要活学活用，不能一成不变。针对不同题材，人物件的整体高度还需作相应的调整。

比如童子，我们知道，小孩子的头都比较大，因此童子件的头部所占身体的比例就应适当增加。这样处理，玉件一来更加写实，二来更彰显可爱与稚气。

再比如弥勒菩萨，弥勒是

图3-26　新疆和田独籽，刘海戏金蟾把件，笑逐颜开，神态逼真

典型的五短身材、大腹便便，其手足的长度比例，就应比通常人物件做相应的缩短，其腹部在整个身材中所占比例则应相应放大，这样才能体现弥勒的憨厚大度与富态。

图3-27　天然和田独籽，观音随挂件，中性造型柔中带刚

又比如观世音菩萨，传统玉雕的观音风格，应该恪守正常的女性身材比例，体现观音菩萨的慈爱亲和、慈悲庄严。但是由于观音菩萨有三十二应身，也就是佛家说的三十二相，男相与女相都属于观音菩萨的三十二相之一。"世人应以男身得度，则显男相，应以女身得度，则显女相"，因此普渡慈航并无男女之分。在近几年海派玉雕的精美作品中，笔者就时常见到从开脸到身材比例的整体造型，都比较中性的观世音菩萨造型，柔美之中，融入了几分阳刚之气，更显佛法无边、普度众生之感。

人物件的"细部处理"，则要求细节刻画精致，工艺完备细腻。有道是"外行看热闹"，一般人鉴赏玉雕工艺，往往越是细节的地方，越容易忽略。事实上，恰恰是"于无声处听惊雷"，这

图3-28　新疆和田独籽，寥寥数刀，布袋和尚勾勒得活灵活现

图3-29　新疆和田籽玉，随形观音牌，上海精工宝相庄严

些看似不起眼的地方，却往往最能彰显一个玉匠自身的修为和素质。

比如手足部分的处理，因为位置不起眼，行事大大咧咧的藏友时常会有所忽略。由于手部所占身体比例很小，在雕琢处理时要求精细，则工艺难度就相应较高。这要求玉匠有扎实的基本功，相对过硬的功力。玉件手部线条是否顺畅？手指关节是否明显？手部肌肉是否逼真？手指甲是否形象到位？这些细微之处，若处理得不足，经常会大大影响了玉雕成品件的收藏和投资价值。玉匠若能在手部这个小小的方寸之间，做到面面俱到，那大型布局方面，自然更加无须多虑了。

笔者在多年的藏玉经历中，经常碰上这样的憾事：玉料质地上佳，玉件大体工艺也还不错，但是细部处理却有失耐心，甚至手指数量细数之下，居然是九根或者更少，实在令人哭笑不得。看着玉件琢制如此，笔者除了扼腕叹息，心疼世上又少了一块上好玉料之外，实在别无它法。

足部的处理也是一样。常理都知道，足分左右，但是许多玉匠在雕琢处理人物足部的时候，却往往忽略类似的小细节。足部处理的大致造型是否安排得当？趾有关节，能否像手指关节一样写实到位？哪怕是长裙遮足，是否通过衣褶的痕迹来写意的体现，彰显脚踏实地的感觉？这些都反映了玉匠对日常生活的深度认知和理解。

相对玉雕人物件的面部"瑕疵处理"来说，身体部位的"瑕疵处理"，要相对容易不少。玉匠们去除瑕疵的办法非常多。有些瑕疵可以直接剔除而不影响玉件的整体布局；有些瑕疵无法直接剔除，但是设计雕琢时，玉件可以进行随形巧雕，借形就势把瑕疵处理成某个图案；有些瑕疵还可以通过高超的雕刻技巧，直接隐藏到非常不起眼的部位……总之，玉件琢制完成之后，若瑕疵依然是瑕疵，毫无遮掩，那么可以说，此件玉件雕琢是完全成功的。

总体而言，一般的佛或者菩萨造型都应该体态匀称、面慈

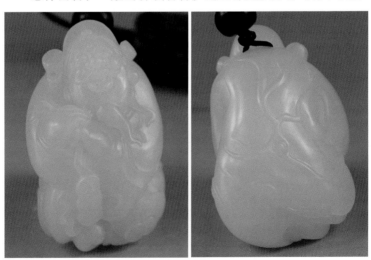

图3-30　新疆和田籽玉，天官赐福，文官眉清目秀、胸襟开阔

心善、宝相庄严；弥勒菩萨则应该手足俱短、笑口常开、大腹便便；常规武将造型应该浓眉大眼、虎背熊腰；文官则应该眉清目秀、胸襟开阔；而仕女则应该柳腰丰臀、婀娜多姿；童子则应该神形可爱、笑脸稚气、动作夸张……一句话，人物件的鉴赏，应该从写实着眼，针对不同的人物类型，不同的身体部位作相应的艺术夸张和变形，不失动静结合的美感，彰显玉匠的艺术理解。

❀ 动物件

玉器动物件的鉴赏，可以从两大类去分析：走兽类动物件，飞禽类动物件。走兽类动物件与飞禽类动物件，又都可以分为现实生活中存在的动物和神话传说中的动物两种类别。

❀ 走兽类

- **现实存在类动物**
- **神话传说类动物**

"走兽类"动物件，主要分两种：一种是现实生活中存在的动物，例如老虎、牛、羊、马、猴子、猫、老鼠、蝙蝠等；还有一种，则是神话中才有的，例如貔貅、麒麟、龙、玄武等。

"现实生活中存在的动物"，鉴赏起来较为方便，与人物件的鉴赏方法基本类似，就是以写实为主。只要是对生活有一

图3-31　新疆和田籽玉，生肖狗

定的深入认知的藏友，相信都不难区分玉件雕琢工艺的高低优劣。简单地说，动物件的造型雕得与现实生活中的动物越像，玉雕工艺自然就越好；反之则越差。

而"神话传说类动物"（业内常称之为"瑞兽"），在现实生活中没有对照，似乎鉴赏起来，有些给人无从下手的感觉。其实不然，"神话传说类动物"，一样取材于现实存在的动物，勾勒自现实存在的动物，脱胎于现实存在的动物。例如大家耳熟能详的"龙"，龙作为中华民族的图腾，可以说是集众多祥瑞于一身，集众多动物的造型于一身，其造型就可以从现实生活中存在的动物身上找到鉴赏参考。例如龙的眼如兔，角如鹿，耳如牛，鳞如鲤，颈如蛇，鬃如狮，腹如蜃，爪如鹰，掌如虎等等……藏友们都可以找到现实的参考依据。

神话传说类动物，举手投足之间，既充满写实的造型，又不乏写意的手法。好的神话传说类动物玉雕件，既有形象写实的刻画，又有大气磅礴的想象，虚实结合；既有现实动物的质感，又寄托了五千年华夏文化所传承的图腾崇拜，生动而传神。

在中华民族古代的传说中，各种瑞兽多有呼风唤雨、通天彻地之能，吹口气，翻江倒海；踩下脚，地动山摇。而且传说中的瑞兽，多为凶兽，因此在这些神兽的造型处理上，应注意风格需生猛霸道、大气磅礴。瑞兽的造型处理，首先在大型布局上，应该有雄浑威猛、叱咤风云的动感；然后各个部位的细节处理上，应该把握各个器官的功用与特点，追求写实逼真。

多年来，在众多动物件题材中，笔者始终对"貔貅"类题材情有独钟。貔貅，是远古神兽，法力无边，佩戴者能趋吉避凶，平平安安。同时貔貅又喜食金银珠宝，并且相传没有肛门，只吃不拉、只进不出，佩戴者能财源广进。既辟邪，又招财，又不似佛菩萨类题材有很多忌讳，这也是笔者一直比较青睐的原因。下面，笔者就以瑞兽"貔貅"为例，详细讲解一下动物件的工艺鉴赏。貔貅的工艺鉴赏，主要从头部、脊椎、四肢、身材比例四个方面来分析。

图3-32　新疆和田籽玉，独籽阴刻随形挂件，虎

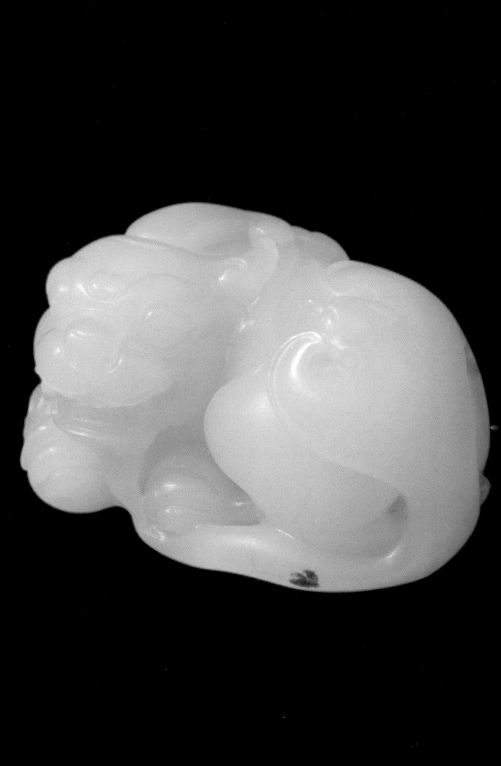

 貔貅工艺鉴赏

头颈部

- 眼

- 鼻

- 口

- 颈

脊椎

- 四肢

- 身材比例

"头部"在整个身体中所占比例并不大。但头部是整个造型中至关重要的环节之一。任何一种动物的头部，都是绝对的中枢所在。动物们所有的思维活动，都在头部完成；所有的动作，都靠头部发出相应指令才能发动。动物类玉件雕琢时，眼、鼻、口、耳都集中在一个小小的头部方寸之间，头部需要表达的器官，也是最为丰富的。而好的貔貅工艺，仅在头部，就需要把每个器官的细节都刻画到位，从眼至耳，由鼻到口，乃至口内的牙齿舌头，都应该面面俱到，这是非常体现一个玉匠的基本功的。

在头部的众多器官中，"眼睛"是最能表达这些上古奇兽

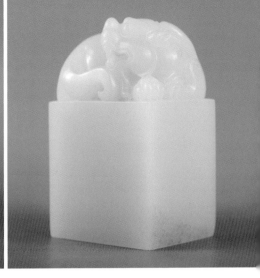

图3-33 新疆和田籽玉，貔貅图章小摆件

之神韵的部位。中华民族自古以来，就有"画龙点睛"之说，龙画得再传神，若无这至关重要的点睛一笔，也无法活灵活现。眼部刻画，应该炯炯有神，线条处理应该饱满浑圆、不怒而威，这是雕琢瑞兽必不可少的要素。"眼睛是心灵的窗户"，眼部处理不宜过于简单写意，尤其对于动物件而言，简单的处理无法彰显瑞兽的气势。

当然，时代是发展变化的，人们的很多观念和审美观，也会在潜移默化中慢慢改变。最近几十年，国外的卡通影视、卡通漫画充斥着人们生活的方方面面。尤其像八九十年代出生的朋友们，可以说，卡通片是伴随着他们从童年到少年再到青年，一步步成长过来的。中西方文化的发展与融合，在我们传承了数千年的玉雕造型方面，也得到了充分的体现。

现在的和田玉市场上，有很多动物件一改传统瑞兽的威猛霸气的形象，转而以比较简单的线条，处理出全新的造型，满载着现代派的卡通元素呈现在藏友们面前。例如眼部的刻画上，只是用两三根带有完美弧度的粗粗的宽阴线，寥寥几笔，就勾勒出一个抽象的眼睛。这样的造型处理，一反传统貔貅的神威之感，代之以非常可人的迷你形象，让人一瞬间就联想到许多朋友家中豢养的宠物，倒也不失为一种创新。而且这样的工艺处理，既降低了雕琢工艺的复杂程度，玉匠们减轻了工作量；又节省料子，无须去除多余部位的玉料，经济实惠。在现今，高档和田籽玉的市场价格每克能高达数千元乃至数万元的疯狂年代，这样的处理既省工又省料，也不失为一种非常经济的做法。

澄清一下，笔者虽然不反对这种全新的玉雕造型，但是就个人喜好而言，还是比较喜欢传统的瑞兽的造型。

"鼻子"在面部经常是个容易被忽略的部位。请读者们注意，容易被忽略，并不代表就不重要，并不代表雕刻处理时便能草草了事。我们知道在自然界中，许多动物，是靠灵敏的嗅觉感知猎物，靠灵敏的嗅觉辨知吉凶，靠灵敏的嗅觉察知危险的。因此，鼻子的处理，应该是挺而有力，并且鼻子外廓的线条应该彰显部分肌肉感。而简单地用一些线条写意地勾勒一下，有些甚至连鼻孔都不做处理，这样的方式，笔者个人以为不可取。想象一下自然界中嗅觉发达的动物，不管是狗，还是狮子，那灵活又灵敏的鼻子，可绝对不会是软而无力的。当然，鼻子造型的处理也同样有现代派卡通版的造型，鼻翼两边用斜刀压下去，然后用宽阴线勾勒出轮廓即成，十分可爱。

"口部"的玉雕处理也非常有讲究。我们知道，既然是上古神兽，呼风唤雨、通天彻地，口内的锋利尖牙自然也是必不可少。自然界中的猛兽在捕食时，锋利的牙齿能很轻松地切开猎物，从而大快朵颐。但是通常藏友们把玩件貔貅，张嘴露牙，口部的大小连一厘米见方都没有，上下两排细细的利牙，尤其是四根尖牙的处理，工艺难度非常高，稍有不慎，细细的玉牙就有可能崩断掉，这对玉匠的技艺要求是非常高的。当然，口部也有现代派卡通版的造型。最近几年和田玉市场上多见的卡通貔貅，嘴部用简单的宽阴线一气呵成，自然也就变成不用露牙的"闭嘴貔貅"了。

还有"胡须"，貔貅面部加上一层胡须，更加突显神兽的威猛孔武。当然，碰上精细的工艺处理，玉匠们还会在面部刻画上一些小块的肌肉，那就更显瑞兽的威武形象了。

"颈部"，也是一个容易被忽视，却非常重要的部位，它是头部与身体之间的衔接。瑞兽头部的所有活动，都基于壮实的颈部。一个人如果脖子粗短无力，便给人以颓废不振之感，一只瑞兽若颈部粗短无力，便给人萎靡无神之感。而且颈部直接衔接胸部，成语说"昂首挺胸"，这姿势给人精神抖擞、积极向上的感觉。这"昂"首，靠的可是颈部。可以说，颈部是瑞兽的全身力量的写实体现之一，颈部造型的设计，雕琢线条的

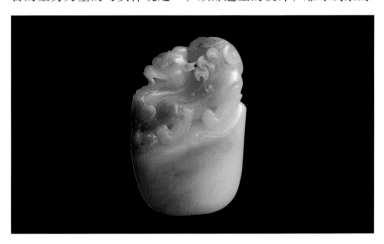

图3-34 新疆和田独籽貔貅把件，天然橘黄皮，
海派仿古工，俏色运用惟妙惟肖

处理，直观上对瑞兽的威猛程度影响非常大。在瑞兽造型的颈部刻画方面，现代许多地域的玉雕貔貅造型，处理时过于简单，有些所谓"玉雕名家"制作的貔貅，甚至颈部都忽略不计，几乎看不见。笔者个人认为，这方面，融合了传统玉雕风格精髓的现代海派玉雕，承前启后，风格造型在传统基础上又有全新的升华，现代海派玉雕在瑞兽颈部的处理方面做得尤为出彩，大气磅礴、浑然天成。总的来说，瑞兽的颈部的雕琢刻画，必须部位明确，线条交代清晰，肌肉强健有力，令人一目了然。

走兽类动物的"脊椎"，是整个身体的支撑，是全身力量的基础，就像我们造房子的大梁一样重要。脊椎传递着大脑所发出的所有动作指令信息，到达四肢乃至全身。现实生活中不管是人还是动物，若是脊椎出了问题，常常是轻则半身不遂，重则命丧黄泉。脊椎在整个瑞兽造型中的重要性自然可见一斑。

所谓"静若处子、动如脱兔"。不管是盘兽、走兽还是趴兽，脊椎的线条感越强，造型越明晰硬朗，力量感就显得越强，而整个身躯看上去也就越显威猛。在制作精细的上好的动物件玉雕工艺中，玉匠们常常会在地张上，用斜刀把瑞兽的脊椎以阳线的造型刻画出来。整根脊椎由首过颈、经背及尾，一气呵成。如此处理虽然简单，但是却不失大气，一下子便把貔貅这上古神兽的"精、气、神"给淋漓尽致地表现了出来。

可惜现代的很多玉匠，虽然雕琢技艺精湛，但是对传承了五千多年的中华文明理解却并不深刻。他们对于貔貅的造型布局上，时常忽略"脊椎"这个至关重要的环节。这个现象，在以仿古工艺见长的"苏州风格玉雕"（就是业内常说的"苏工"）

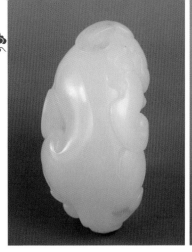

图3-35　新疆和田籽玉，貔貅把件，脊椎坚挺有力

界，有一部分玉匠的作品中尤为常见。眼、耳、口、爪等部位的精细处理可以精致到细若发丝，但是却独缺"脊椎"这个力与美的中坚元素。

不管细节处理如何精细微妙，貔貅的造型若不注重对脊椎的把握，则整个瑞兽的造型就显得绵若无骨、瘫软无力，毫无生气和霸气。笔者个人认为，这实在是一种缺憾。

若精益求精，貔貅的造型工艺处理更精细的话，玉匠们还会在脊椎的造型上，勾勒出一粒粒的浅浮雕圆珠，恰似脊椎上一段一段的骨节，把整条脊骨都完美写实地刻画出来，那就更加彰显貔貅的王者霸气了。

走兽类动物件的"四肢"，是造型处理上的另一个重点。四肢，是兽类快速奔跑和扑杀猎物的重要依托，既是行动的工具，又是猎杀的武器。四肢的造型有力与否，直接影响瑞兽雕件整体气势的威猛感和雄浑四肢又可以分为腿部和足部来介绍。

笔者个人在鉴赏动物件造型的"腿部"时，有两个细节是十分关注的，一个是腿部的肌肉感，另一个则是大小腿之间的骨节。

貔貅是神兽，其腿部应该是肌肉感明显，线条处理阳刚有形。腿部肌肉是貔貅力量的象征之一，因此腿部肌肉应该做到线条清楚，造型清晰。腿部强壮而且修长，貔貅便显得孔武有力。

前文笔者已经交代过，神兽虽然是现实生活中没有的动物，但其造型取材于现实生活，自现实生活中勾勒而出。若读者们以现实世界中的狮子、老虎等猛兽动物为原型，则不难看出，动物件的大小腿分界应该是非常明确的。因此貔貅的腿部处理中，大小腿之间应该过渡清晰，骨节应该交代明确。大小腿各自的长短尺度也因适中、写实。只有这样，神兽方能显得生气勃勃，雄姿英发。

图3-36　新疆和田籽玉，独籽貔貅把件

就像上文所介绍的那样，在现今市场上常见的貔貅玉雕造型中，有部分苏工的貔貅造型，往往出现忽略貔貅腿部肌肉感和线条感的造型处理；甚至整个腿部没有骨节，连大小腿都不分，酷似一根粗粗的水管。这样的貔貅造型绵软无力，给人感觉毫无生气，笔者个人认为十分不可取。

神兽的足部也是一个容易被玉匠们有意无意忽略的重要元素。足部造型的处理，应该是爪子与小腿部之间衔接自然，过度清楚。趾与爪两者间也应该交代明确。若有条件的，还应该在爪子底部处理出肉垫的造型。各个部位应该做到细节清晰、动静结合。若是精雕细琢的玉匠，还时常在关节处加上几绺鬈毛，更加彰显貔貅的威武气概。

而现在市场上很多偷工减料的造型简单的神兽爪子，则是简单的在腿部的末端留一个大一圈的圆头，然后在圆头拉上几根阴刻线，地下磨平，便成了神兽的爪子。这样处理既不见脚趾，也不见趾甲，更不见关节。笔者个人以为，这样处理，工时倒是节省了不少，但是造型处理过于简单，用在卡通图案的艺术表现上倒是恰如其分，但是用在上古神兽的玉雕造型上，实在有点张冠李戴，"驴唇不对马嘴"，有些不可取。

最后，貔貅雕件整体的尺寸比例应该安排得当，长短粗细布局合理。笔者在前文中一直强调，神话类动物件，虽然是人们虚构的造型，但它取材于现实、勾勒自现实，整个造型都是从现实动物的造型中脱胎而来的。因此，神兽类动物件的整个身材比例，也需要协调一致，粗细得当、长短适宜。试想：一只貔貅若雕琢得身躯庞大，四肢却细短无力，它如何能辟邪？又如何能招财呢？藏友们只要记住，不管是何种瑞兽，也不管是瑞兽的哪个身体部位，总是可以在现实生活中找到参考实体的。因此鉴赏瑞兽的身材比例时，还是能以自然生活中现有的动物造型为参考的。

图3-37 新疆和田籽玉，貔貅把件，上海精工，不怒而威

◆ 飞禽类

● 现实存在类动物

● 神话传说类动物

与走兽类动物件一样，"飞禽类"动物件也可以分为两种：一种是现实生活中存在的，例如大鹏、白鹭、喜鹊、鸳鸯、仙鹤、鹅、锦鸡等；还有一种则是神话中才有的，常见的主要是凤凰和朱雀。

"现实生活中存在的飞禽类动物"，鉴赏的方法与现实生活中存在的走兽动物件类似，原则上以写实为主，藏友们只要以现实存在的飞禽类动物原型为参考，便不难区分玉件雕琢工艺得高低优劣。简单地说，玉件琢制得越是与现实动物接近，越是造型逼真，雕琢工艺自然就越佳。反之，则雕琢工艺就越差。

飞禽类玉雕件在风格上，大致可以分为两小类来区别鉴赏。一类是飞翔于天际的飞禽类玉雕件，另一类则是不会振翅高飞的飞禽类玉雕件。

能飞上天的飞禽类题材，常见的有喜鹊、白鹭、仙鹤等，相关题材有喜（喜鹊）事连连（莲子或莲花），喜（喜鹊）上眉（梅花）梢，一路（白鹭）连（莲子或莲花）科，一路（白鹭）有情（古琴），松（松树）鹤（仙鹤）延年，仙鹤林芝等等。这类飞禽，都是能够展翅翱翔于天际的。因此在玉雕造型的设计与刻画时，应该注意鸟儿的体态轻盈，整体画面动态的轻快潇洒。一句话，飞鸟，就应该给人轻灵飘逸之感。

不振翅高飞的飞禽类题材，常见的有鹌鹑、鸭子、鹅、鸳鸯等，相关题材有岁岁（麦穗）平安（鹌鹑），一甲（鸭子）一名，我（鹅）如意（林芝），鸳鸯戏水等。这类飞禽，着重刻画的不是其飞翔于天际的自在感，而是安详富足、如意安康、心想事成的居家幸福之感。因此不管是鹌鹑，还是鸭子或者鹅，都应该注重刻画鸟儿们安之若素、体态富足、体型丰盈的祥和安乐之感。

另外，飞禽类玉雕件，与走兽类动物件略有不同的是，常见的走兽类动物玉雕件不论是把件，还是挂件，皆是以圆雕件居多(所谓圆雕，就是玉雕造型是立体雕)。但是飞禽类玉雕件，有一部分造型则是在玉料地张上琢制的浮雕造型。那么遇到浮雕类的飞禽类玉雕件，我们在鉴赏其工艺优劣的时候，除了注意造型写实和工艺细节之外，还需关注其画面布局，关注其整体构图是否合理。总体上说，浮雕类飞禽题材玉雕件，构图应该虚实相应，画面应该错落有致，布局应该动静结合。

"神话传说类飞禽"的题材，主题则相对比较少，最常见的就是百鸟之王——凤凰，其次则是传说中镇守四方的"四灵兽"之一，镇守南方的灵兽——朱雀。

与前文所述类似，"凤凰"与"朱雀"虽然是神话传说中

图3-38　新疆和田籽玉雕件，路路如意，原籽雕琢而成，刻画写实生动

才有的神鸟，但是神话传说中的飞禽与走兽类似，同样也是取材于现实生活，脱胎自现实生活，在现实的飞禽类动物身上都可以找到影子的。神鸟类玉雕作品的鉴赏，主要应该着眼于整体画面的布局搭配，神鸟的比例尺寸，造型动态的灵活动感以及细节处理等几个要素。

　　"神鸟"是写意类的题材，玉匠设计这类玉件时，刻画重点应该着重于飘逸、轻灵与王者之气。飞禽类的"头部"虽然没有兽类占的比例大，但也是灵魂体现的所在，而除了画龙点睛的眼部之外，神鸟的喙也是不容忽视的要素。作为猎杀敌手主要的工具之一，神鸟的喙是彰显神鸟霸气的重要元素。藏友们可以参考现实生活中猛禽或者孔雀的"喙"，对飞禽类玉雕题材进行中肯的鉴赏和评价。

除了头部之外，飞禽的翅膀、尾部、爪子等其他部位，在不同的动作状态下，所表现的不同神情，与体现整个画面的动感和画面主体的气势也是息息相关的。古典名著《西游记》中的大鹏金翅雕，每拍动一下金翅，就是九万里远。现实生活中的猛禽们，展开双翅的长度则远大于身体的长度。可见翅膀在飞禽的诸多表现元素中所起的作用是十分巨大的。不管是凤凰亦或是朱雀，作为神鸟，其翅膀的刻画应该线条苍劲，轮廓孔武有力。翅膀上的羽毛应该井井有条，大小羽毛的布局错落有致，羽毛之间线条刻画清晰明确。

除了头部和翅膀之外，飞禽类玉雕件的"爪子"，也是至关重要的一个部位。但遗憾的是，"爪子"由于在构图中所占比例不大，也经常被玉匠们所忽视。事实上，神鸟的爪子，或者更确切地说，是神鸟的腿部，是神鸟们力量、霸气和王者风范的另一个重要表现。神鸟的腿部虽然掩盖于羽毛之下，无须对其肌肉做细节的刻画，但是腿部线条应该粗壮有力，结实雄浑。而神鸟的爪子，线条处理应该修长苍劲的同时，还应该注意把诸多关节与爪尖也表现到位，给人肃杀凛冽之感，十足的不怒而威。

当然，在不同动作状态下，飞禽类造型还应该关注各个身体部位之间相互的配合，动作是否到位，位置是否准确。笔者曾经见过许多玉雕件的凤凰和朱雀，头部、翅膀和爪子等关键部位的刻画都十分到位，不能说不细致，但是各个关键身形之间的配合，却一点都不从实际出发，完全想当然的设计，结果整个画面中，神鸟处于一个完全不可能实现的动作造型中，实在是非常可惜。

最后笔者再重复一句，玉雕题材中的飞禽类作品，基本上都是现实生活中常见的题材，所以，飞禽类玉雕作品的雕琢，尤其需要从写实出发，刀法务求干净利落，细部刻画务求精致细腻，造型务求栩栩如生。

🌸 花草件（花鸟虫鱼件）

"花草件"，时常也被称为"花鸟虫鱼件"，此类玉件经常也会带有飞禽类造型，但是飞禽在这个玉件上所占的比例很小，玉件主体还是花草之物为主。

在众多玉雕题材中，相对于"人物件"和"动物件"而言，"花草件"的鉴赏则要相对简单得多。究其原因，因为这些自然界中的瓜果菜蔬、花草虫鱼，实在是千头万绪，千姿百态，各种造型千奇百怪，应有尽有。那么"花草件"鉴赏起来，在"写实"这个关键环节的要求上，自然就相对要容易做到些。

图3-41 新疆和田青花独籽，俏色雕连年有余把件，造型写实，栩栩如生

图3-39　新疆和田独籽，俏色雕弯弯顺（虾）把件

对于花草类题材的玉器的工艺鉴赏，主要着重的是玉件整体造型的写实程度、细部处理的精细程度、初始玉料的瑕疵避除程度和颜色运用的灵活程度。

● **整体造型的写实程度**

● **细节处理的精细程度**

● **初始玉料的瑕疵避除程度**

● **颜色运用的灵活程度**

整体造型的写实程度，藏友们依然可以参考花草件在现实生活中的相对应的实物。通常来说，瓜果、菜蔬、花草等常见"花草件"玉雕题材，都是由根、茎、枝、叶、花、蕊、果实等部分组成。花草类玉雕件整体的协调性，主要包括花草各个部位之间的尺寸比例是否得当，花草的大体形状是否合理，花草之间的生长是否符合自然规律等等……总之一句话，玉件上的花草越是形象逼真，玉雕工艺自然也就越精湛。

图3-40　新疆和田独籽，俏色雕连年有余把件

　　笔者个人认为，细节处理的精细程度，则是花草类题材的玉雕件最彰显玉匠功力深浅和制作过程中用心与否的要素。若是一丝不苟地仔细分析每一个细节，可以说，那些枝繁叶茂的植物，那些花团锦簇的植物，它们的每根茎干、每片叶子和每个果实，都是需要玉匠去好好表现的。比如说花草件的叶子，笔者就一直要求：玉匠们在琢制玉件时，叶子上的茎茎络络，尽量不要简单的用单一的阴刻线来表现，而是用宽阳线的手法来表现。这样处理，一来可以使玉件更加写实逼真；二来从实用把玩的角度出发，玉件在盘玩时，也不容易留下污垢。

　　初始玉料的瑕疵避除程度，主要取决于玉匠最初设计玉件时的心思巧妙程度。由于花草植物们的根茎错综复杂，枝叶茂盛繁多，因此雕琢花草类玉雕件时，在瑕疵处理上，想象空间特别大。既可以在花草们的穿枝过梗之间，用镂空、切除等方法选择将瑕疵直接去除；也可以考虑通过花草各个部位之间的过渡，将瑕疵巧妙借除；还可以用随形巧雕的方法，把瑕疵直接处理成花草件的某个部位，变废为宝，"化腐朽为神奇"。

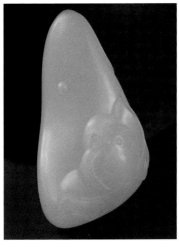

图3-42 新疆和田独籽，苏工脂白莲花挂件，莲子写实，水滴逼真

由于花草件不像人物件和动物件有个相对固定的形态美丑标准，玉匠们可以充分发挥自己的想象力和创造力，设计难度也小很多。有经验的玉匠通过精心设计，巧妙雕琢，常能把外形缺憾明显的原料脱胎换骨，令人耳目一新。

颜色运用的灵活程度，同样也取决于玉匠最初设计玉件时的心思巧妙程度。和田玉颜色多样，皮色更是千变万化，心思巧妙的玉匠们，将不同颜色的玉料与不同颜色的皮色，按照现实生活中与之相近的花草实物，勾勒出惟妙惟肖的造型。颜色运用处理上佳的花草玉雕件，效果十分吸引广大藏友们的眼球。尤其是颜色运用巧妙，并且整体布局合理到位的作品，常常能随形就色，故而玉件的

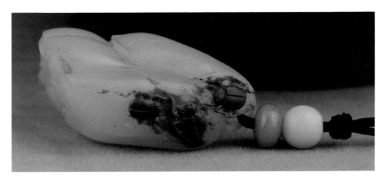

图3-43 新疆和田独籽，连中三甲挂件，原料之裂被莲子与莲叶过渡之处巧妙借除。天然皮色随形雕成三只甲虫，俏色生动

图3-44 新疆和田籽玉，俏色雕白菜把件

造型栩栩如生，有些甚至与实物相差无几。上好的花草件玉雕件成品，甚至第一眼的感觉能够以假乱真，堪称鬼斧神工，极为精湛。

总的来说，"花卉玉件"的玉雕处理，讲究布局错落有致，花朵、花瓣要刻画逼真，花叶的经脉要以阳线刻画，务求生动形象；整体造型要饱满灵动，给人生意盎然之感；枝梗的处理要写实灵动，适度的"穿枝过梗、盘根错节"处理，能更好地体现植物旺盛的生命力。

"瓜果菜蔬玉件"的玉雕处理，讲究布局生动逼真，果实的造型要写实，体现生意盎然，延绵不绝之感；白菜的菜叶翻卷要自然，叶片之间的造型和颜色过度要条理明晰，切忌拖泥带水，方能体现财源滚滚、不断广进之意。

花草类题材玉雕件上，经常出现花草类与虫鱼类小动物共生的题材，例如莲子或莲花与鲤鱼在一起（连年有余），莲子与三个甲虫在一起（连中三甲）等等。这些题材的鉴赏，在把握花草件的工艺好坏的同时，也不能忽略动物的工艺处理。藏友们在鉴赏玉件工艺时，可以参考前文所述的动物件的鉴赏方式进行。

❧ 其他

在玉雕件的众多题材中，除了前文所提的人物件、动物件、花草件三个常见的主要大类之外，还有一些常见的玉雕题材，笔者按照其普遍性，归纳了以下几类：器皿件、玉镯与玉牌、仿古件。

❧ 器皿件与玉山子摆件

"器皿件"与"玉山子摆件"，数千年来一直作为陈设玉器中的主要题材，为达官贵人所称道。但是由于玉雕"器皿件"与"山子摆件"的体积过大，既无法随身携带，又不便随手把玩，除了陈设与观赏之用外，别无它用。随着玉件必须易于随身携带等实用性越来越受到广大玉器爱好者们所重视，大型的陈设类器皿件正在慢慢地淡出现代玉器收藏界的视野。

藏友们如果掌握了前文三大类玉雕题材的工艺鉴赏要点，举一反三，器皿件的鉴赏则更为简单，笔者就不在本书中赘述。

但是，在玉雕器皿件中有一个概念，倒是值得一提的——"痕都斯坦工艺"。笔者见过几个所谓的"专家"在给人鉴定玉器的时候，有些玉器就鉴定为"痕都斯坦玉"。各位读者请注意："痕都斯坦"其地，并不产玉。所谓的"痕都斯坦玉"，说的也只是一种制玉的工艺形式。

"痕都斯坦"，最早是由乾隆皇帝按照藏语和回语的音译，考证并取名的。痕都斯坦国（大约1526-1858）位于印度北部，包括克什米尔和巴基斯坦西部地区，也有"温度斯坦"、"痕奴斯坦"等其他音译。清同期的痕都斯坦玉匠们琢制和田玉的工

图3-45　新疆和田籽玉山子摆件，天然皮色，临石观海图

艺与风格，完全不同于中国的传统玉雕风格，另辟蹊径、别具一格。

　　由于当地人相信使用玉制的用具可以避邪驱毒，因此痕都斯坦玉器常见题材为碗、杯、壶、盘、瓶等实用器皿。"痕都斯坦玉雕工艺"最明显的特征有三个，就是薄胎、错金银与纯色。

痕都斯坦玉雕工艺

⊛ 薄胎

⊛ 错金银

⊛ 纯色

所谓薄胎，就是玉制器皿件的胎壁，十分纤薄。相传古代的能工巧匠们，使用精湛的水磨技术，精雕细琢。保持玉质器皿件的胎体完整的同时，胎壁却透薄如纸。"痕都斯坦工艺"的薄胎技术，素有"西昆玉工巧无比，水磨磨玉薄如纸"之说。

讲解到此处，有个常见的误区，读者们要注意：不是所有器皿玉雕件，都能称为"痕都斯坦工艺"的。笔者曾经在国内某知名珠宝城中看见店家展示的几个大型的玉质花瓶，胎体使用镂空雕刻工艺不说，胎壁厚度足有一公分朝上。卖家居然在商品的注解上标注"痕都斯坦花瓶"，实在令人啼笑皆非。

错金银，确切的说叫"金银错"，是一项最早始于商周时代的运用于青铜器上的古老加工工艺，后被玉匠们将其使用在了玉器琢制上。玉匠们在玉制器皿件的表面绘出需要的图案，然后按照图案的线条在器皿件表面錾刻出沟槽，再将金银丝或者金银薄片镶嵌至沟槽中，敲压、修整后，再进行最后的抛光处理。玉制器皿件与镶嵌好的金银图案相辉映，颜色不同、光泽相异，器物更显富丽堂皇、美轮美奂。

纯色，简单地说，就是"一器一色"，痕都斯坦玉器大多选用白色、青白色或者青色的玉料。由于器皿都是薄胎，胎体纯色则更显晶莹剔透，浑然天成。这些迥异的玉雕风格与中国传统的玉器巧雕杂色工艺形成了非常鲜明的对比。

图3-46　青海青玉，薄胎玉碗，痕都斯坦工艺

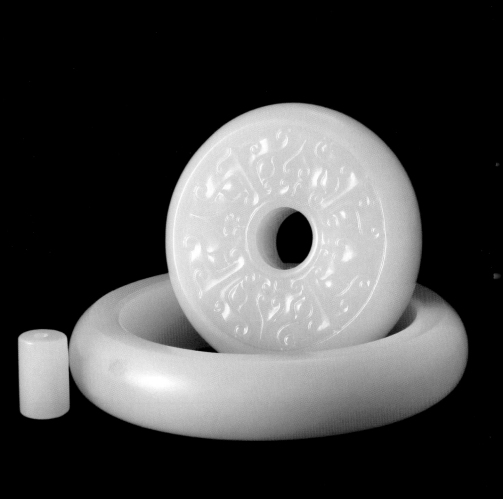

❀ 玉镯与玉牌

事实上，"玉镯与玉牌"只是造型上的分类，并不能算是玉雕题材的大类。特别是玉牌，原本也有人物题材、动物题材、花草题材、山水题材等分类，笔者这样分类似乎有点杂乱无章了。但是最近十年，随着大规模机械化挖掘，新疆和田籽玉矿脉资源的枯竭，能够开出全品相的玉镯和玉牌的上等和田籽玉原石犹如凤毛麟角，市场需求量却逆势急剧放大，品相上佳的玉镯与玉牌就愈发显得弥足珍贵了。因此，笔者在这里，将玉镯与玉牌重新另立一个大类，再重申一下玉镯与玉牌的工艺鉴赏。

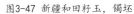

图3-47 新疆和田籽玉，镯坯　　　　　　图3-48　新疆和田籽玉，牌坯

玉镯，是中华民族的传统女子佩饰，作为汉族女子的常见饰品，已经传承了几千年。数千年来，和田玉镯一直伴随着时事变迁，见证着时代的发展、玉雕工艺的进步和玉件造型的更新。在收藏热风靡全国的当今社会，和田籽玉手镯，除了作为佩饰，除了辟邪保平安之外，更加是女性身份的象征。许多都市白领女性，都希望能拥有一根精品的新疆和田籽玉手镯。怎样的玉镯适合收藏与投资？笔者在《昆仑寻梦——精品白玉鉴赏与投资》一书中已经详细阐述，本书不再赘述。本书中进一步强调一下玉镯的工艺鉴赏。

图3-49　新疆和田籽玉手镯

现在国内和田玉市场上，玉镯大体可以分为"带雕工玉镯（雕花镯）"和"不带雕工玉镯（素镯）"两种。事实上，真正上好的和田籽玉手镯，应该是不带雕工的。原因有两点：

其一，基于和田籽玉原材料的极度稀缺性，玉匠在设计、加工玉件时，在保证造型完美和工艺质量的同时，原材料也应尽量多保留。而只有素镯，方能尽量多地保留原材料。只有当玉镯上有明眼的瑕疵时，才迫不得已进行图案纹饰的加工，通过雕琢不同的题材，将瑕疵尽量借除。说实话，笔者每每看到那些各种各样的镂空、雕花、缠丝玉镯时，总是联想到玉镯原料之上有各种瑕疵，都不免扼腕叹息：天工造物，美则美矣，却不完美！怪不得古人云："不全，不粹，不足，谓之美也。"

其二，正所谓"大巧不工"！虽然几千年来，和田玉有太多传说为人们所津津乐道，但是最能为人们所称道的，还是其古朴内敛的质地。古之君子"以玉比德"，和田玉器的博大精深、不骄不艳，那洗尽铅华后的谦谦君子之风，是真正与传承了数千年的中华文明和孔孟之道相契合的。而玉镯中真正能体现大巧若拙的君子之风的，自然是首推不带任何工艺的素镯。

图3-50 新疆和田籽玉，"缘定今生"系列三件套
（手镯、镯心仿古把件，路路通挂件）

图3-51 新疆和田籽玉，"缘定今生"系列二件套（手镯，镯心貔貅把件）

141

图3-52　新疆和田籽玉，平安镯

玉镯的常见造型

● 平安镯

● 贵妃镯

● 福镯

就造型而言，玉镯常见的有平安镯、贵妃镯和福镯。

平安镯的外圈弧度圆润饱满，内圈弧度平缓贴腕，内外圈口都呈正圆形，是和田籽玉手镯中最为常见的一种款式。假想若将镯子敲断，断口的截面可以呈现弓形、半圆形不等。现代风格的平安镯，为了更加彰显平安镯的大气雄浑，条厚加粗，断口截面甚至可以是满弓形与矩形的叠加，很多藏友美其名曰"厚装平安镯"。这样的玉镯对条宽和条厚都有一定要求，因此对于玉镯的毛坯料（镯坯）的尺寸和质地要求也极高，是最为费料的一种玉镯造型。

图3-53 新疆和田籽玉，贵妃镯

　　贵妃镯的内外圈口都呈椭圆形，断口截面弓形、圆形的都有。相传这种玉镯的款式，是由唐代杨贵妃发明，故名"贵妃镯"。这种造型的玉镯佩戴起来贴合手腕，更加方便手部的行动。但是相对而言比较省料，用料也比较经济实惠。

　　福镯的造型则流传已久，内外圈口都成正圆形，断口截面也是正圆形。由于造型圆满，隐喻福气满满，故名"福镯"。由于福镯造型经典，自然在款式上也相对老气，再加上这种造

图3-54 南阳独玉，二彩福镯

型比较费工费料，最近几年已经慢慢淡出藏友们的视野。

不管是平安镯、贵妃镯还是福镯，若都是素镯，都看上去工艺简单，似乎毫无工艺可言。其实不然，正所谓"于无声处听惊雷"，越是简单的工艺，越体现玉匠的功力，越彰显玉镯的档次高低。

玉镯的工艺主要从内圈、外圈、断口截面和侧面来看。内外圈的线条是否流畅？正圆是否标准？椭圆是否曲线过渡自然，曲率一致？玉镯上断口截面的形状，是否每一个点都基本保持统一？玉镯的通体弧线是否圆滑平顺？这些都是玉镯制作工艺的鉴赏要点。

玉匠们用机器套筒把镯心取下来以后，剩下的毛坯玉镯的精加工程序，都需要靠手工仔细的琢磨成型。玉镯的那些简单的线条，是最难处理到位，却也是最容易观察的。藏友们只要用心观察，便不难区分其琢制工艺的优劣高低。

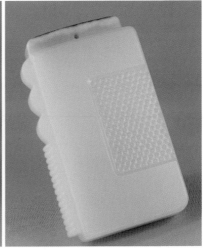

图3-55　新疆和田籽玉，龙凤呈祥仿古纹四六方牌

如果说玉镯是中华女性的挚爱，那玉牌则是华夏男儿的常宠。玉牌的工艺鉴赏，笔者在《昆仑寻梦－精品白玉鉴赏与投资》一书中已经详细阐述，本书不再赘述。这里笔者再强调一下初学的藏友常容易忽略的一个玉牌工艺的鉴赏要点。

"牌子的地张是否处理得平整？"高档的和田玉牌，整体构图、画面布局等指标先不说，首先应该是地张处理得工整平顺，整个底板应该打磨得规整细腻。如果地张高低不平，或者呈现明显的橘皮纹状，那么款式设计得再新颖，图案雕琢得再细致，也是"为山九仞，功亏一篑"，实在是美中不足。

🌸 仿古件

在玉雕题材中，仿古件的图案主要分为纹饰类和动物类两种。

纹饰类的图案，主要来自传统的古代纹饰，常见的有乳丁纹、谷纹、勾云纹等等。这些仿古的纹饰，经常用于玉璧、玉玦等仿古礼器之上，鉴赏起来也比较简单。一方面，藏友们可

图3-56　新疆和田籽玉，仿古兽面玉璧纹件

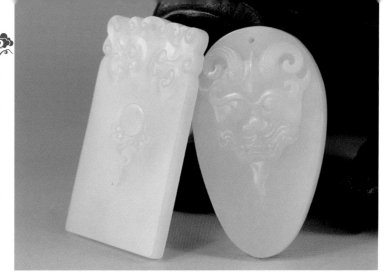

图3-57　新疆和田籽玉，脂白仿古纹对牌

以从纹饰排列的规整性着眼。由于通常这些仿古纹饰都是扎堆成片出现的，因此非常讲究几何的图案美、对称美。藏友们可以观察纹饰排列是否整齐？每个纹饰之间大小是否一样，间隙是否一致？由此来鉴赏工艺的优劣好坏。另一方面，藏友可以从工艺的粗细程度入手，观察玉件工艺的细节处理是否细致到位？比如说玉件的地张处理是否平坦？再比如说乳丁纹是否琢制得圆润饱满？藏友们只要有一定的鉴赏基础，都不难从中看出端倪，笔者就不再赘述了。

　　动物类的图案，主要也来自传统的古代纹饰，常见的主要有龙纹、凤鸟纹、虎纹、龟纹等等。这类仿古造型的动物图案，与前文所讲述的传统动物图案不同，完全不是以写实为主，而且有很多都是非常大写意的造型。因此藏友们鉴赏仿古件的玉雕工艺之时，造型方面没有太多典型的现实依据可参考。故而这类图案的玉雕工艺鉴赏，只要把握住常规的图案工艺鉴赏要点即可，主要观察玉雕细节的工艺处理到位与否，线条过渡流

图3-58 新疆和田籽玉，仿古龙挂件，天然秋梨黄皮

畅与否，画面设计合理与否等要素。

　　另外，仿古件造型的玉件，以浮雕件最为多见。因此，琢制的过程中，还需注意一个把玩的实用性。仿古玉件在造型优美，工艺精湛的同时，玉件置于掌中把玩，则应该以不扎手，适合把玩为佳。同时，玉件即便经过人为的长时间把玩，也应该不会留有较多明显的污垢，这样的工艺既美观又实用，才是上佳之选。

　　行文至此，和田玉鉴赏要点中的第二大类"符"也告一段落了。坦白说，一个真正的和田玉收藏爱好者，一件真正上品的和田玉藏品，不论是"德"还是"符"，两者是缺一不可的。和田玉的收藏是一个慢慢积累、循序渐进的提高过程，藏友们只有耐心地一点点地积累对于玉材质地和玉件外观的鉴赏要素，才能够真正把握和田玉收藏的文化精髓，传承和田玉文化的内在。

第四章
古玉与新玉，传承与发展

 ## 新旧文化的传承与发展

　　行文至此，笔者犹豫了很久，踌躇再三，决定还是特地另立一个章节，谈一谈和田玉文化的传承和变迁。当然，仅仅是一家之言，供藏友们参考。

　　笔者从当年尚是意气分发的毛头小伙开始，便痴迷于承载着五千年华夏文明的和田玉。和田玉就像中华民族的守护神一样，守候着一代代炎黄子孙的繁衍与兴衰，注视着中华大地的沧海化作桑田。自盘古开天地伊始，到唐宋元明清，伴随不停的时代变迁，伴随着不断地朝代更替，和田玉制作的工艺和形制的风格，也不断地烙上不同的时代烙印。可以说，一部中华玉文化史，就是一部华夏文明的发展史。

精于古玉收藏的玉友们可以在不同朝代的玉件上，研究其工艺处理、造型风格，进而可以看出当时的时代背景、人文环境、经济情况乃至政治气息。方寸之间可知天地宽广，真正的"思接千载，视通万里"，一玉在手，便可超越时空，无限地接近那些中华文明中曾经的辉煌和落魄。

图4-1　新疆和田籽玉，由于市场价位的飙升，正在与普通收藏爱好者渐行渐远

读到这里，藏友们可曾想过，尤其是那些资深的藏友们可曾想过：当我们通过不同时代的古玉的工艺、形制、包浆和沁色等各个方面，来细细赏析各个朝代的古玉之时，是完全客观的去理解和接受不同时代的玉器所拥有的特征和文化。但是，现实往往非常讽刺，当我们手中所执的玉器越来越接近现代，玉器的琢制生成时间与自身越来越接近，却渐渐开始无法接受改变，无法接受玉文化总是随着历史车轮滚滚向前，同时不断发展、不断演变的现实，甚至直接否定那些潜移默化中玉文化的改变了。

在笔者从业的十数年中，曾经碰上过不少比笔者年长许多的资深玉器收藏人士。他们对于传统的玉文化的理解和接受，可以说，继承得淋漓尽致，非常之彻底。但是，传统玉文化一旦注入了新鲜血液，又要伴随着时代大踏步向前的节奏，而开始蜕变的时候，他们却犹豫了，由之前的"革新派"换位成了后来的"保皇派"。

在笔者的印象之中，绝大部分这些资深年长的玉器收藏前辈们，对于玉器收藏和鉴赏的着眼点，主要都关注于传统玉器文化这一方面。不管是工艺形制还是题材大小，都与古玉的鉴赏方法是一脉相承的。

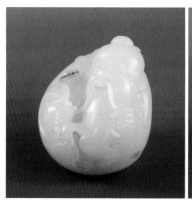

图4-2　新疆和田籽玉，老来乐把件，
现代风格更适合盘玩，却并不完全被年长的藏友接受

这些玉器收藏前辈们，拿到玉件藏品，首先第一点，是观察玉件的工艺。他们最先关注的是：玉件的布局构图是否虚实相衬，疏密得当；玉件的主体造型是否造作形象，线条流畅；玉器的制作工艺是否精雕细琢，设计奇巧……一切能在工艺上精益求精的细节，可以丝毫不落下，完完全全的被无可挑剔的眼光一一摘出。

图4-3　新疆和田籽玉，灵芝挂件，传统玉雕工艺风格

　　接着他们关注的是：玉件的制作工艺能否"百尺竿头，更进一步"？一件和田玉的圆雕立体件，设计、制作必须做到面面俱到，若是玉件上有高难度的多层镂空雕琢工艺，"穿枝过梗"，则更加是让这些前辈们眼前一亮。

　　在对玉件的玉雕工艺进行了彻底的鉴赏之后，前辈们眼光又放到玉雕题材上。非常有意思的一个现象：与现在的年青人收藏和田玉的风格截然不同，这些前辈自身对于玉件所雕琢的题材的要求，并不是特别明确的，相比那些随身佩戴、把玩的玉件，他们更加喜欢陈设器。他们喜欢玉山子，喜欢玉花瓶，喜欢玉香炉等大件的陈设器。在那大气磅礴的画面中，他们从美学的角度出发，由构图到布局乃至工艺，细细玩味着肉眼所能看到的每一个细节，就像在欣赏一幅书画。但是玉山子上雕琢的是何具体题材？是"大禹治水图"还是"指日高升图"？是"夜游赤壁图"还是"深山访友图"？这些都不是特别重要，重要的只是玉件的艺术细节有多高超。只要玉件构思复杂奇巧，工艺精益求精，题材几乎都能接受，基本可以不太在意。

　　笔者还发觉一个非常有意思的现象：全国各地的玉展，不管是北京还是上海，但凡有玉器展览和评奖活动，主要都是针对玉雕件的工艺的评比，而且通常都是清一色的大件玉器容易得大奖，例如玉山子，玉花瓶，玉香炉等等。而体积娇小，设计灵动，工艺精湛的小件玉雕作品，时常会名落孙山。纠其原因，大奖赛的评委往往都是资深的玉雕师傅，或者资深的收藏专家。他们都是年龄层次相对较高的业内人士。这些前辈对于玉文化的理解，与明清玉文化乃至民国玉文化是一脉相承的，大体上，尚未走出近代古玉器的鉴赏路数。

　　而在现实的和田玉收藏市场中，依笔者的经验来看，大型的玉雕山子或者大型的玉雕器皿件，在大多数的现代和田玉藏家中，受欢迎的程度，远不如小型的玉把件和玉佩饰。很多商家劳心劳财劳力制作了一件大型玉雕作品。置于商店橱窗中，如果没有碰到好的销售的机会，时常有可能放上几年都无人问津。

　　为什么会出现这样大的反差呢？事实上，最近十年的时间，现代和田玉收藏的生力军，已经进行了一次彻底的大换血。有道是"江山代有才人出"，现代和田玉收藏的主力，尤其是现代高端和田籽玉的收藏主力，已经从年长的离退休老玩家，过渡成了年富力强、收入丰腴的以中青年为主的社会白领阶层。而且在藏家的人数上，也远超老一辈玩家。

　　这些中青年白领玩家与老一辈和田玉玩家相比，人生观、世界观都不尽相同。在传统文化的继承和发扬上，新生代与老一辈相比，相去甚远。建国后，由于文革等客观因素的影响，整个社会在中华传统文化的继承和发扬方面，出现了青黄不接的现象，文化的延续性上出现了很大的时间断层。这些直接导致了文革后出生的孩子们（就是现代和田玉收藏的主力军——现在社会的中青年白领阶层），在传统文化的修养和造诣方面，比老一辈相对缺乏。这一切也进而导致了在现代玉器和现代玉雕工艺的审美观上，现在和田玉收藏的主力军们，对传统玉器的审美观，继承得并不完全。甚至有一小部分人群几乎谈不上"继承"，直接就是"缺失"的。

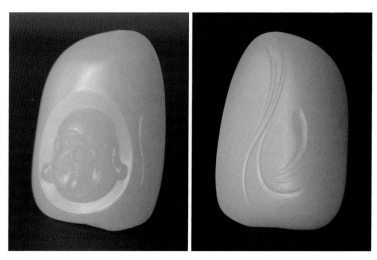

图4-4　新疆和田独籽，弥勒挂件，线条简单流畅，造型写意时尚

但是，在现代美学和时尚文化的理解与发扬方面，现在社会的中青年白领阶层，却远比老一辈要掌握的透彻。因此作为现代和田玉收藏的主要人群，他们在玉文化和玉雕工艺方面的爱好取向，直接影响着现代玉雕工艺和玉器审美的评判标准。而这个标准，与传统的玉器审美观与玉雕工艺的评判标准是有一定出入的。换言之，时代发展、变化了，人们对于高低美丑的评判观念也发展、变化了。玉文化乃至玉器的鉴赏标准，也

随着时代的发展、变化，不可逆转的发展、变化着。不管老一辈玩家们是否承认，这都是个不争的铁一般的事实。

追根溯源，中华民族的玉文化虽然源远流长。中国玉器的发展，从古至今，大体上还是经历了"工具—礼器—佩饰—把玩饰"四个时期。

在旧石器时代，古人不识玉，大自然给予的各种石块，信手取来就是"工具"。当时的古人是完全不明了石头与玉的区别的。在而后的漫长岁月中，古人不断的取"玉"或者"石"作为最原始的工具，应用于生活的方方面面，并慢慢地积累不同石头之间的区别，逐步认识到隐藏在石头之中的与众不同的美玉，直至最终将"玉"从使用工具中分离、解放出来。

时代的车轮继续滚滚向前，接下来，对于这些五颜六色的美玉有了相当认识的古人们，逐渐将这些色彩斑斓的美玉琢制成各种各样祭祀用的"礼器"。生产力非常低下的古人们，相信通过这些温文尔雅的美玉，可以建立起与上天沟通的桥梁。古人"以玉作六器，礼天地四方；以苍璧礼天，以黄琮礼地，以青圭礼东方，以赤璋礼南方，以白琥礼西方，以玄璜礼北方"（《周礼·大宗伯》）在顶礼膜拜上苍和各路神灵的同时，古人们相信通过祭祀仪式中的这些美玉，可以将祈求风调雨顺、百业兴旺的美好愿望更完整地传达给上苍。

随着生产力的逐步发展、提高和封建社会制度的进一步完善，人们对于玉，又有了全新的认识。除了祭祀天地用的礼器之外，玉，逐渐走入了人们的生活。从达官贵人到王公贵族，从文人墨客到布衣百姓，玉器作为人们生活的主要"佩饰"，正式地全面地登上了中华历史的大舞台。美玉佩身，除了自身的经济价值外，更多的是体现了佩戴者的修养、内涵与文化。正所谓"古之君子必佩玉"，"君子无故，玉不去身"。

时过境迁、沧海桑田，八千年玉文化流传至今，人们又赋予了和田玉更新的理解与涵义。新中国建国以来，和田玉以从未有过的姿态展现在社会大众面前。与以往历史截然不同的是，这一次，和田玉距离普通百姓是那么的接近。八千年玉文化流传至今，高洁、儒雅的和田玉，从未有过与普通百姓如此的亲密接触。"旧时王谢堂前燕，飞入寻常百姓家"，和田玉，这个达官贵族和文人墨客的专宠，一时间成了街头巷尾布衣百姓们追逐的对象。

图4-5　新疆和田籽玉，黄皮喜事连连把件

　　时至今日，和田玉作为一种全新的时尚，已经在广大的白领阶层中普遍传播开来。在中国经济急速发展的今天，在来势汹汹的通货膨胀的压力之下，和田玉这个自古以来文化传承的媒介，除了文化传承之外，又加入了收藏、投资升值的概念。同时，现代的和田玉已经不再是一种简单的佩饰，尤其是高档的新疆和田籽玉，已经成为一种时尚和身份的象征。男性和田玉玩家随身佩戴一件或几件上好的和田籽玉，趋吉避凶的同时，随时可以进行玉友交流，相互切磋，把玩玉器；女性和田玉藏家手腕上佩戴一根精美的和田籽玉手镯，高贵大方，除了是精美的佩饰之外，玉镯更是身份与修养的象征。

　　恰恰是中青年社会白领阶层，这群现代和田玉收藏的生力军的人生观和价值观——现代社会的实用主义原则，使传统玉器从单一的佩饰，演变成了现在的"把玩佩饰"。

　　当今社会的和田玉制品，除了佩饰之外，更多的是要在人前人后进行交流、把玩、盘摸。因此现代玉雕成品除了传统玉佩饰的美观大方的要求外，还要求便于在手中盘玩和摩挲，突显了"把玩"这个实用的概念。

　　那么，现代和田玉的鉴赏观和价值观，在中青年白领收藏阶层中，有了哪些改变呢？笔者细细分析，新老两代和田玉藏家在观念上的差异，主要可以从工艺、大小、题材和原生态四个方面来详细分析。

❦ 新老两代的观念差异

- ⬤ 工艺
- ⬤ 大小
- ⬤ 题材
- ⬤ 原生态

❦ 工艺

从鉴赏玉件的"工艺"上来说，现代和田玉玩家们与老一辈相比，虽然也追求玉雕成品的工艺精湛，做工细腻，造型生动，但是除此之外，他们对于玉雕工艺的"实用性"要求也大大提高。

玉雕成品件除了传统的审美指标和工艺鉴赏指标不变外，玉件在被人为把玩时，会更加追求舒适的手感。玉雕成品件的造型必须适合玩家去盘玩摩挲。玉匠们在制作玉雕工艺品时，应尽量避免玉件上有明显的尖尖角角，即便是穿枝过梗的镂空技法，也要注意手感的流畅，不要高低不平而扎手。同时，现代玉雕件上的纹饰，尤其是阴刻线条的处理，更要求圆润工整，以免玩家在盘玩玉件不久后，玉件的纹饰中便沾满了黑黑的污垢，既不美观，又不便于清洗。

另外，古玉中非常多见的玉器"镂空雕琢"技巧，尤其是难度较高而倍受推崇的"多层镂空雕琢"技巧，在现代和田籽玉的收藏家眼中，认同感非常低。究其原因有三：

其一，多层镂空雕琢的玉件，由于玉件已经被镂刻的千疮

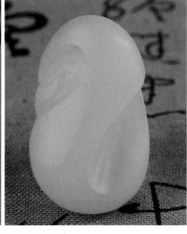

图4-6 新疆和田独籽，生肖羊，
造型融入了现代美学元素的设计理念，令人耳目一新

百孔，因此玉件的坚韧程度自然下降不少。现代人的都市生活繁忙而活跃，玉件在佩戴和把玩时，难免会出现意外的磕碰情况。玉件就非常有可能因为这些意外的磕碰而破裂受损。而且玉件一旦受损，修复的可能性微乎其微。因此，多层镂空技法在现代玉雕中也就显得非常不实用。

其二，镂空雕琢的玉雕成品件上，时常会有许多棱棱角角，这些棱角既有强烈的扎手感，棱角周围的图案纹饰又容易藏污纳垢，难以清理，也非常不便于玩家的佩戴和把玩，实用性非常差。

其三，在最近十年中，新疆和田籽玉的市场价格突飞猛进。高档的和田籽玉的市场价格涨幅甚至高达上千倍。玉件的镂空雕刻，必然导致玉料的缺损和玉件重量的减轻。在和田籽玉的价格一路飞涨，和田玉又开始离普通百姓越来越遥远的今天，为了追求一个实用性差的工艺价值，而狠心去除大量质地上乘

图4-7 "玉不琢不成器"并非不琢而无价值，
此类天然去雕饰的极品玩料，价值远高于同类雕件

的玉料，是非常不科学、不经济的做法。事实上，现代玉雕中，除非玉料上有明显的瑕疵，否则，有经验的玉匠也不会冒然使用镂空雕技法。

简单地说，就是那些传统的高难度的，特别繁琐的玉雕处理方法，在制作工艺上虽然引人入胜，但在实用性上，却相对缺乏优势。随着时代的发展，人们审美观的逐渐改变，这些"就工艺谈工艺"的玉雕制作方法，正在越来越少地受到新生代和田玉玩家们的关注，正在逐渐淡出人们的视线，也许直至退出历史舞台。

这就是笔者遇到的新生代和田玉收藏家与老一辈和田玉收藏家在玉器工艺鉴赏观念上明显的差异。

大小

从收藏玉器的"大小"上来说，现代和田玉收藏，也逐渐由大块度的玉雕陈设器向便于携带和把玩的小型玉件过渡。我们知道，一件大型的玉山子，由于其原料大，设计画面也大，制作者可以像设计山水画一样进行灵感创意。玉件在玉匠们的精心设计，精工细作之下，画面虚实相衬，疏密得体，造型生动写实，线条流畅。可以说，这是一件非常有工艺价值的玉器收藏品。但是，由于玉件块度过大，非常不便于携带、把玩和交流，除了放于家中或者置于办公室中作为一种陈设器，供人观赏之外，别无它用。

没有了交流，就没有了切磋和传播，也就缺少了很多玉件被盘玩时带来的乐趣。因此大型的玉雕作品在现代的和田玉收藏界，除了大型玉雕展会与参加玉雕评奖之外，越来越不受欢迎，越来越遭遇冷场。取而代之的，是体积较小，适合佩戴、把玩和携带的手把件类玉器与挂件类玉器。相比而言，这类玉器的实用性要强很多，便于交流，趣味性也强，因此也在现代

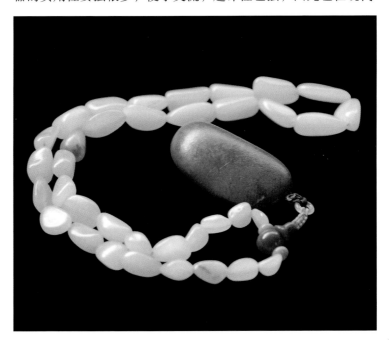

图4-8　新疆和田籽玉项链，便携性已经成为藏友追求的重要藏品指标之一

中青年白领的收藏人群中广为流传。而且此类小型玉器在工艺上更具现代风格，或多或少都融入了部分时尚元素。

例如，在动物件中受到收藏大众广泛欢迎的貔貅。旧时的传统造型的貔貅，相对工艺繁琐，造型凶猛，做工复杂。貔貅的鬣毛在传统玉雕造型中，玉匠们会用玉雕工具一根根仔细的

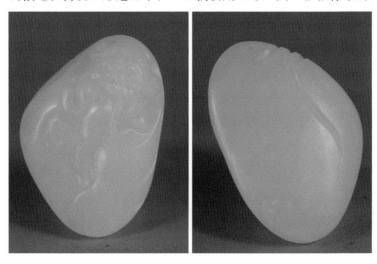

图4-9　新疆和田籽玉，脂白财神挂件，形象可爱，寥寥几笔，盘玩不易藏垢

整理出来。这样的传统造型，既费人工，又费原料。最关键的是，以现代和田玉收藏的观点来看，这样的处理还非常的不实用，在手中稍加盘玩，玉件便会沾上黑黑的污垢。而且这些污垢如果不及时处理，天长日久下来，非常不便于清理。因此现代玉雕风格的貔貅，在这些细节处理上，通常以大幅度的流线感，写意地刻画鬣毛的造型。这样处理后，玉件的手感舒适，既便于盘玩，不会藏污纳垢；又节省材料，避免了不必要的玉料浪费。当然，一流的现代玉雕工艺，绝不是刻意的无原则的省料省工，取而代之的，是在貔貅的腿部、背部等大型关键部位，通常都

会刻画出强有力的肌肉造型与生动写实的脊椎骨感，更加彰显瑞兽的威猛雄壮。

大体上讲，现代玉雕风格的貔貅造型与传统玉雕风格的貔貅造型相比较，整体上给人感觉更加的猛而不凶，不怒而威，既不缺乏王者之气，却又显得平易近人、贴近生活。

题材

从收藏玉器常见的"题材"上来讲，现代玉雕件中比较受和田玉藏家们欢迎的题材，与传统玉雕题材相比，显得实用性、功利性更强。在传统玉雕题材中，山水人物类叙事性题材是十分常见的，例如带子上朝、指日高升、桃园结义、米芾拜石、三阳开泰等等……这些题材在古代玉雕件中，非常普遍和常见，也多为世人所接受。但这些题材在现代和田玉收藏爱好者中，声势已经日见微弱，正在慢慢淡出人们的视野。如若一直任此发展下去，说不定以后的和田玉爱好者们，只有到书本上的照片中，才能看到这类题材的玉雕件也未可知。

时至今日，现代和田玉市场上的常见玉雕题材，则缺少了几分对于文化的咀嚼，相反更多的则是充满了明确和直接的价值取向。现实、实用的人生观和价值观在现代玉雕题材上也被一定程度上的放大，正有逐步取代古代玉雕的传统文化底蕴之趋势。辟邪保平安类、招财类、升官发财类玉雕题材，在现代玉雕中，更加容易受到广大和田玉收藏者们的青睐。笔者从业这么多年，感觉最普遍受欢迎的玉雕题材，就是貔貅、金蝉、观音、弥勒、一路连科等几类常见题材。

🌸 原生态

　　本文所说的"原生态"，主要是针对目前市场上价值最高的新疆和田籽玉"玩料"而言的。相对古代传统玉雕而言，这是一个彻底的全新概念，完全是一个全新的和田玉收藏范畴。

　　为何说这是个"全新"的范畴呢？这个要从新疆和田籽玉的过去与现在的现实开采情况来分析。大家都知道，昆仑采玉，至今已经有五千多年的历史。中华玉文化延续至今，经历了一代又一代传承，经历了一次又一次演变，但是新疆和田籽玉的传统采玉方式，却基本上一成不变，从未有过太大的突破。这一传统的采玉方式，主要都是手工作业，完全靠人工在玉龙喀什河里，用简易的工具进行挖掘和搜寻。这样原始的采玉方式，生产效率低下，开采效果也非常不佳。再加上新疆和田籽玉的开采环境恶劣，非常不便于玉石原料的开采，因此，昆仑采玉数千年，玉龙喀什河中的和田籽玉矿脉的保有量，都未曾受到过太大的影响。可以说，对于古代和田玉收藏家来说，和田籽玉的玉器是非常稀罕的玩意。

　　但是从千禧年后，采玉人开始尝试了全新的和田籽玉开采方式——用现代化的大型挖掘机，在玉龙喀什河中进行和田籽玉的开采。虽然开采和田籽玉所需的软硬件成本都大幅增加，但是和田籽玉的开采效率却得到了长足的进步，而开采效率的大幅提高，完全可以抵消开采成本的增加。于是乎，延续了数千年的传统手工作业的和田籽玉开采方式，终于走到了历史的尽头。取而代之的，是用重型挖掘机进行大规模的机械化和田籽玉的挖掘。整个玉龙喀什河矿脉上，成千上万台大型挖掘机在日夜不停地进行和田籽玉的开采挖掘作业。

图4-10　过分无度的机械化开采，玉龙喀什河基本已经开挖殆尽

　　这样史无前例的大规模机械化开采，对于玉龙喀什河的和田籽玉矿脉来说，是从未有过的，对于和田籽玉矿脉的保有量，也是毁灭性的打击。短短十年不到的功夫，玉龙喀什河中上好的和田籽玉，便经历了灭顶之灾，基本上被采玉工人们开采殆尽。换句话说，"昆仑寻玉五千年"都未曾伤筋动骨的玉龙喀什河和田籽玉矿脉，在区区十年不到的大规模机械化挖掘开采之下，基本已经消耗殆尽，濒临枯竭。

　　也正因为是这个原因，这短短十年不到的时间，在和田玉交易市场上，藏友们能见识到的精品的新疆和田籽玉的数量，远远盖过了过去五千年来古代和田玉爱好者们所能看到的和田籽玉的数量的总和。即便是几百年前，爱玉如命的九五之尊，堂堂一国之君的乾隆皇帝，倾全国之力所积攒的诸多玉器藏品，不管从数量还是从质量上来看，都远不能及最近十年的和田玉开采成果。这短短的数年时间之内，精品和田籽玉原石开采的数量之惊人，规模之庞大，绝非一般人所能想象。

恰恰是在这种情况之下，新疆和田籽玉的交易市场上，涌现出了大量顶级的原生态的和田籽玉"玩料"。这些和田籽玉的质地一流，天然的皮色美艳动人，最难得的是，这些和田籽玉的造型也十分之完美。如果说玉匠们人工雕琢的和田玉件，能够称得上惟妙惟肖、巧夺天工，那么这些经由大地母亲之手，大自然雕琢的和田玉"玩料"，才是真正的独一无二、鬼斧神工，真正的"不食人间烟火"。这些顶级的和田籽玉玩料身上，既有"仁、义、智、勇、洁"的传统玉文化的影子，又融入了"返璞归真、大巧不工"的现代玉文化。而这类"原生态"的和田籽玉玩料，是古人无法理解和想象的，因为古人生不逢时，绝少见过这样的极品！也只有这类"原生态"的和田籽玉玩料，才是现代和田玉收藏真正的巅峰！五千年至今，"前无古人"，随着和田籽玉矿脉的枯竭，今后也必将是"后无来者"！真正的现代和田籽玉收藏家们，若能拥有一颗和田籽玉玩料，不虚此生。

以上就是新老和田玉收藏爱好者们的两种截然不同的和田玉鉴赏观。目前来看，这两种观点的争论之声，相当不小。

事实上，就两种不同的文化观念而言，本没有孰对孰错之说，但是当两种相异的文化观念聚在一起的时候，如果不能相互融合，必然就会进行相互碰撞，而且一次比一次激烈，而碰撞的最终结果，必然又是一次全新的融合。正是在这些一次又一次的碰撞与融合中，中华玉文化一次又一次地不断得到新生和发展，代代相传，延续至今。

讲到此处，笔者想多啰嗦几句：笔者个人对于和田玉的痴

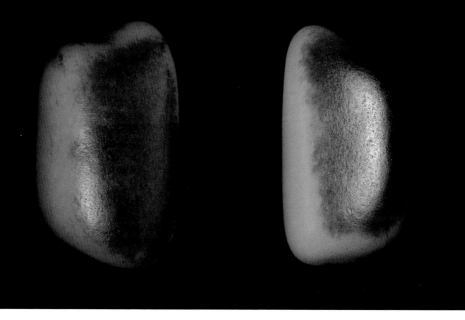

图4-11　新疆和田籽玉，天地夹心皮玩料，十年来，市场价格翻了将近百倍

迷与收藏，更多的是本人对于博大精深的传统中华文化的迷恋与追求。因此在笔者自己眼中，新老两种和田玉收藏的观点都能安然接受，不分彼此对错。哲学上讲"存在必合理"嘛。笔者个人以为"文化"这种东西，原本就没有特别明确的是非曲直概念，藏友们也无需过于执着。

即便是几种文化之间，真要分个轻重高低，分个孰尊孰卑，那也应当留给三五百年以后的子孙后代去评说。相信那个时候，我们自己已真正成了后世口中的"古人"了。因此现在去争论得面红耳赤，实在没有什么意义，大可不必。况且即使争论赢了，不过是徒逞个人的口舌之利而已，也绝非某种文化的彻底胜利。万一遇到个口才更好的，又得败下阵来，这样的争论对于文化的学习和理解，毫无帮助。倒不如做个文化的传承人与传播者，为多种文化的正面融合而努力添砖加瓦，为传统文化的前进与发展推波助澜。也只有这样，方能泽被子孙，流芳后世。

"古玉收藏"与"新玉收藏"的不同

下文笔者来分析一下,市场上常见的有关"古玉收藏"与"新玉收藏"的一些不同观点。

"古玉"和"新玉"如何按照年代来精确的划分?其实这是个非常模糊的概念。从中国的发展历史来说,1840年、1919年与1949年,是三个时间节点。清末1840年鸦片战争之前的时期,从原始社会到封建社会,都被称之为"古代"。1840年鸦片战争开始到1919年五四爱国运动这段时间,被称之为"近代",社会性质由封建社会转变为半殖民地半封建社会。1919年五四运动到1949年新中国建立这段时间,被称之为"现代",中国的无产阶级作为中国新的政治力量登上了历史舞台。1949年新中国建国之后至今,则被称之为"当代"。

也就是说,从历史学的角度来分析的话,中国到目前为止,经历了"古代"——"近代"——"现代"——"当代"四个时期。另外,从孙中山先生领导辛亥革命推翻满清王朝开始到1949年新中国成立,又被称之为"民国时期"。但是,用来给"古玉"和"新玉"做区分的时间节点,与历史学的时代分类又不完全吻合,没有这么复杂和精确的时代概念。大体上,业内大多数玉器收藏爱好者都是以1949年新中国建国,作为"古玉"与"新玉"的时间分割点。建国之前制作的玉件是老件,称为古玉;建国之后制作的玉件是新件,称为新玉。古玉有年份时代的不同,从红山文化到民国玉器,鉴定时有断代的要求。新玉则没有不同风格的时代烙印,鉴赏的着眼点也完全不同。

❀ 古玉收藏

笔者个人以为，就"古玉收藏"收藏而言，着眼点主要在于"传统文化"。古玉器的收藏，有以下几个关注点：

- ● **形制**
- ● **工艺**
- ● **沁色**
- ● **玉材**

❀ 形制

其一，"形制"。所谓形制，主要是指古玉器的造型与相关纹饰图案。由于年代久远，越是高古的玉器，能够流传并且很好地保存下来的玉器也越少。古代中国在不断的改朝换代中，时而落魄，时而辉煌，时而弱小，时而强盛。在各个不同的朝代和时期，统治者的能力强弱不同，统治阶级的风格不同，国力的强弱也不同。因此不同的时代背景下，政治、文化内涵与社会普遍的审美观，都不尽相同。进而不同时代的玉器雕件，在形制上，也有着非常明显的差异。

所谓环肥燕瘦，不同朝代的玉器在形制上完全不同。而不同的玉器形制，也反映着与其同时代的国家信息与社会政治背景。例如隋唐时期，社会繁荣，国力强盛，汉族与多民族融合，外来文化的渗入与交融，增加了全新的艺术表现手法。因此当时的玉器雕件刀法浑圆凝重，线条饱满丰腴。同时整个玉器形制中，融入了绘画与雕塑的元素在其中。又例如宋代，宋代自太祖皇帝赵匡胤伊始，便定下了"抑武重文"的基本国策。有道是"枪杆子里出政权"，武力不强，便容易处处挨打。直至金灭北宋，南宋政权更是国力羸弱，偏安一隅。因此宋代的玉器，从形制上，造型便显得相对纤瘦，纹饰线条偏软，刀法也锋芒外露，大有肃杀秋风之感……正因为如此，可以说"一部中华玉文化史，便是一部华夏文明的发展史"。

图4-12　新疆和田籽玉，佛手把件，精湛的传统镂雕技术

🌸 工艺

其二，"工艺"。"工艺"是古玉断代的主要依据之一，也是古玉作伪的主要着重点之一。

由于琢玉"工艺"的世代相袭和不断完善，不同的朝代，制玉工艺的时代特征通常都会呈现较大差异。除了玉器的形制不同之外，制玉的手法与制玉的工具也在不断发展和提高。

同时，玉器的琢制工艺，犹如书法绘画的笔法，饱含个性，最为难仿。"孰知今人所不能者，汉双钩之法。形似稍可伪真。钩碾何法拟古？识者过目自别，奚以伪为？"（明，高濂）

收藏者在对古玉器的鉴赏中，通过细细观察玉器上那些古人琢玉时使用的制作工具留下的痕迹，可以品味出不同时代玉器的琢制方法的不同。进而有经验的古玉收藏家们，还可以从古玉器的工艺鉴赏中，推断那个时代的生产力水平和经济情况。

🌸 沁色

其三，"沁色"。古玉由于年代久远，留存至今的原因与方式多种多样。古玉在保存方法不同的情况下，就会生成不同的沁色。"沁色"，就是古玉在玉器保存的环境中，受压力、温度、湿度等客观环境的影响，玉器表面被周围物质所作用、侵入肌理而形成的颜色。

古玉器因为沁色丰富多彩，绚丽斑斓，故而为历代玉器的收藏家、鉴赏家所珍爱。大体上讲，古玉可以分为"入土古玉"与"传世古玉"两大类。而这两类古玉，通常都会带有各自不同种类的沁色。

在中国古代，人们过世以后，绝大多数都是土葬。而在大量的随墓主人一起陪葬的墓葬品中，玉器是非常多见的陪葬品之一。

"入土古玉"，指的就是那些随主人的去世一起墓葬入土的玉器。当然，后世因为种种客观原因，例如私人盗墓、后人迁坟、政府挖掘等等，这些"入土玉器"又重见天日了，又重新出土了。

"入土玉器"长年累月地在墓穴中存置，就会慢慢地受沁，还有一部分古玉的材质还会变得松软酥脆。这些古玉是不能贸然直接盘玩和佩戴的，否则很容易彻底损伤玉材。出土的"入土古玉"若没有经过人工盘复，玉质尚未恢复，业内称之为"生坑古玉"；而经过有经验的藏家或专家人工盘复，玉质已经恢复正常的"入土古玉"，业内称之为"熟坑古玉"。"熟坑古玉"是可以随意盘玩和佩戴的。

古玉的沁色受特定环境和形成条件的影响，地域不同，玉的沁色也不尽相同。我国的地势西高东低，南温北寒，西北土壤多呈碱性，东部土壤则多呈酸性。不同地区，对玉器的沁蚀也不尽相同，常见的黄色沁为土沁，白色沁为水沁，红色为朱砂沁，绿色为铜沁，紫红色为血沁，黑色为水银沁。北方多土沁，而南方则多水沁。

天然沁色或浮于表面，或侵入僵性部位，或深入绺裂，但都色泽生动，过度自然，深浅层次分明，留心观察不难识别。

"传世古玉"则不同，其留存方式是通过祖辈、父辈乃至子辈、孙辈代代相传，未曾入过土，未曾经历过墓葬，就是人们常说的"传家之宝"。"传世古玉"由于流传多年，玉件上会产生小的腐蚀点，人为把玩的时候，人体的油脂、汗液等分泌物会渐渐渗透到玉件的腐蚀点和玉件的细微裂纹中，天长日久，这些

图4-13　和田玉把件子孙万代，清，传世品

地方会渐渐发黄、变红。这与入土古玉的沁色还是有很大差异的。

玉材

其四，"玉材"。这里说的玉材，就是古玉器制作所选用的玉料。

古代中国历朝历代的玉器，选用的玉材品种多样、产地繁杂，但是其时代特征还是相对明显的。通常来说，某个朝代的用玉选材，不管是玉料特性还是原料产地，都会相对比较集中。古玉收藏家们，可以根据古玉不同的材质，去判断古玉器的大致制作朝代,进而可以判断出当时朝代的社会观念和审美取向。

当然,除了上述的几点之外,不同的古玉、不同的受沁、不同的玉质状态,盘玩、恢复玉质的方法也各不相同。即便是同一块古玉,通过复盘,其不同盘玩时期,玉质体现的情况也不尽相同。本书就不一一赘述了。

实际上,和田玉矿脉的生成,是在亿万年之前。不管是"古玉"还是"新玉",其玉石原料的生成年代都是基本相同的。而且相对亿万年的超长时间而言,几千年的时间,犹如白驹过隙,昙花一现。藏友们所谓的"古玉",并不是玉料有多远古,而是玉器的制作时间相对人类历史而言,比较久远。

综上所述可以看出,古玉收藏,总体上,主要是针对五千年传统文化的积淀与理解。在古玉藏家们眼中,一件件古玉所反应的信息,恰似一幕幕历史的重演。古玉收藏,可以让爱好者们无限地接近曾经逝去的峥嵘岁月。这是古玉爱好者们深陷其中不能自拔的最大原因。而上文所述的古玉器的这些优势,也是现代玉器望尘莫及的。

新玉收藏

现代"新玉收藏"的着眼点,与"古玉收藏"是截然不同的。现代新玉的收藏,主要有以下几个关注点:

● 玉质

● 现代工艺

● 顶级玩料

● 皮色

玉质

其一，"玉质"。玉质就是玉料的质地，在前章中已经有明确阐述。

在高科技的支持和重型现代化挖掘设备的毫无节制开采下，最近十年来，现代的昆仑采玉人们，将古人开采了几千年都未曾有所影响的玉龙喀什河的和田籽玉矿脉，几乎开采殆尽。

釜底抽薪式的无度开采，虽然致使国人已无法再给子孙后代留下太多的和田籽玉遗产，但是却让国人见识了雪藏在昆仑山脉中亿万年的大地精灵的全貌。大量质地上等的新疆和田籽玉，古人穷极一生都无法窥探到万分之一，现代和田玉收藏家们，只花了短短十年不到的时间，便非常幸运地得以欣赏，并且了解得淋漓尽致。

因而现代玉器在玉料的材质选用方面，其优势比古代玉器要大大提高。应该说，现代新玉的质地，整体要比古玉提高很多。

笔者曾经在北京故宫博物院的珍宝馆中，亲眼目睹了中华民族的传世瑰宝，也是世界最大的"和田玉山子"国宝——大禹治水图。"大禹治水玉山子"始作于清代乾隆年间，经历了无数次战火和硝烟的洗礼，有幸能完好地保存至今，实在是世

图4-14 顶级新疆和田籽玉，把件玩料，可遇不可求，收藏一颗此生足矣

人之福。古人在极端落后的玉器制作工艺条件之下，能够琢制出如此精美的大型玉山子，实在让笔者叹为观止。无怪乎，乾隆皇帝要用"功垂千古德万古"来赞叹这件古玉奇葩了。

但是，若仅就玉山子的材质而言，坦白说，实在很难达到笔者对收藏和田玉的玉质要求。这件玉山子的玉料的质地相对来说，并非上乘和田玉料。笔者曾经戏言，"要是从这件玉山子上切一块鸭蛋大小的玉料，请人雕琢个手把件，恐怕工钱要远高于料钱了。"

包括故宫博物院珍宝馆内，与"大禹治水玉山子"同馆展览的几件清王朝皇室御用的玉玺，仅就材质而言，笔者个人以为在现在和田玉市场上，类似质地的和田玉原料，充其量不过是中下等档次的玉料而已。

现代工艺

其二,"现代工艺"。现代化的制玉工具,其先进与精密程度,是远非古代所能媲美的。现代的电动玉雕机每秒钟转速可高达数千圈,古代的生产力低下,实在难及项背。在这样高效率的制玉工具的辅助之下,现代玉雕工艺实际上仅就精细程度而言,可以远远超越古玉的制作。笔者从玉这些年,便曾经屡次见过高精度、高难度的现代玉雕工艺。当然,"市场决定一切",随着市场上和田玉爱好者们观念的不同,随着玉匠们受客观环境

图4-15 新疆和田籽玉对牌,天然枣红皮是大多数古人难以企及的

的影响，这类制作工艺现在已经日益稀少了。但是即便如此，藏友们依然能在新玉与古玉的不同观察中，明显捕捉到现代高超的生产工具所带来的古玉无法企及的制玉技巧。

顶级玩料

其三，"顶级玩料"。前文已经提及，顶级的新疆和田籽玉玩料在短短十年不到的时间内，大规模的涌现在和田玉市场上。这是古人无法想象的。因此，"顶级玩料"这个全新的收藏课题，是"古玉收藏"无法触及的。我们这些现代和田玉爱好者们有幸邂逅了。当然，"顶级玩料"到底何时才能完全颠覆传统的和田玉收藏观念，恐怕只有等百年后，我们的子孙后代去评说了。

皮色

其四，"皮色"。有太多的高档和田籽玉问世，自然就有非常多的和田籽玉的美丽"皮色"问世。中国和田玉雕俏色的应用，自古便有，但是一直以来却不是太受推崇。追根究底，俏色玉雕作品，需要有大量带颜色的玉石原料作为后盾，才能形成市场，才能构成影响。中国古代上下五千年和田籽玉的开采，数目非常有限，因此和田籽玉皮色的追求，只能是蜻蜓点水，甚至是昙花一现，其市场影响力自然也就弱了。

而最近这一二十年的大规模机械化挖掘，世人终于认识到了和田籽玉的另一种美——"皮之美"。这种美虽然没有被圣人们取将来作为"比德"之用，但是作为现代和田玉收藏的一个重要指标，其影响力着实惊人。这一点，也是古人无法企及和想象的。

综上所述，"新玉收藏"的这些关注点，也是"古玉收藏"无法匹敌的。

从上文的介绍中，读者们应该不难看出，不管是收藏"古玉"还是收藏"新玉"，都是各有各的讲法，各有各的内涵。"古玉"与"新玉"是典型的各有所长。现在玉器收藏市场上，时常能听到两种比较片面的论调：

有些古玉收藏者，把新玉贬得一文不值。说新玉没有文化，没有内涵，缺乏底蕴，不值得观赏与收藏。

也有些新玉爱好者，把古玉当成一块废料。说古玉要工没工，要料没料，而且很多还脏兮兮的，纯粹讲点所谓的文化，不如直接去看教科书。

其实，以上这两种论调是非常错误的。虽然"古玉"与"新玉"各有各的玩法，但是两者之间又是一脉相承，相辅相成的。至于和田玉玩家们，到底致力于"古玉收藏"还是"新玉收藏"，完全看藏友自己的脾气爱好而定，实在没有孰好孰坏之分。

因此，笔者建议广大和田玉爱好者们，在研究、收藏和田玉的时候，"两者兼顾，着重一头"。收藏以"古玉"为主的朋友，了解一下新玉，对于玉材的把握和认识更有帮助；收藏以"新玉"为主的朋友，学习一下古玉，对于工艺、文化和形制上的认识，会更加深入。两者同属"中华玉文化"嘛，应该新老不分家。对于一个成功的和田玉收藏家而言，少了哪块知识，都是个不小的缺憾……

第五章 新疆和田玉中的 "原生小籽料" 与 "大料切成的小籽料"

本章节，笔者想着重介绍一下新疆和田籽玉中，关于"原生小籽料"和"大料切成的小籽料"的相关概念、相关区别和常用鉴别方法。当今市场上，这个话题往往会被别有用心的人有意无意地回避掉。但是实际上不管是收藏还是投资，这两个概念之间都存在非常大的差距，希望广大藏友能引起足够的重视。

🌸 概念

"原生小籽料"和"大料切成的小籽料"，虽然同属新疆和田籽料，但两者又存在一定的本质上的区别。而现在的和田玉收藏市场上，有许多的藏友，尤其是初学和田玉收藏的玉友，对于用"原生小籽料"雕琢而成的和田籽玉雕件，和用"大料切成的小籽料"雕琢而成的籽玉雕件，基本上是不作区分的。事实上，通常情况下，不管是从"玉材的评价指标"来看，还是从"玉材的市场价值"来看，这两者之间还是有比较大的差异的，是需要藏友们细心地作区分的。

● 原生籽玉雕件，独籽雕件

● 大料（籽玉）雕件，切料雕件

何为"原生和田小籽料"？简单地说，就是在玉龙喀什河矿床中，直接开采出来的原生和田籽玉。那么，玉匠们将这样的原生和田籽玉，直接雕琢而成的一件玉雕工艺品，我们称之为"原生籽玉雕件"。业内的资深人士也常称之为"独籽雕件"

何为"大料切成的小籽料"？就是将大块度的新疆和田籽玉剖开，切成体积较小的数块，每一块，我们都称之为"大料切成的小籽料"。那么，玉匠用这样的切料雕琢而成的玉雕工艺品，我们称之为"大料籽玉雕件"或者"大料雕件"。业内的资深人士也常称之为"切料雕件"。

区别

下面先介绍一下"原生小籽料"和"大料切成的小籽料"的区别。事实上，早年笔者在收藏和田籽玉藏品时，是很少有碰到有"大料雕件"的。但是随着市场上和田籽玉数量的越来越稀少，需求量的急剧放大，"独籽雕件"的数量远远无法满足市场需要。因此和田籽玉的"大料雕件"也就慢慢越来越多，甚至最近两年，数量大有赶超"独籽雕件"的趋势。

● 成因

● "德"

● "符"

● 市场与收藏价值

🌸 成因

首先，笔者从"成因"上给读者们分析一下"原生小籽料"和"大料切成的小籽料"的区别。

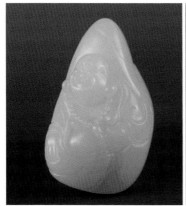

图5-1 新疆和田籽玉，独籽雕件，弥勒

在《昆仑寻梦—精品白玉鉴赏与投资》一书中，笔者曾经详细介绍了和田玉的分类。按照玉料产出位置的不同，和田玉可以分为山料、山流水料和籽料三大类。山料，是母体成矿在山中的玉料；自母体剥离后被雪水冲刷到河流的中上游，就成了山流水料；继续被流水冲刷到河流下游，便成了籽料。当然，这个搬运的过程经历了千万年乃至亿万年。从这种分类方式中，我们可以看出三者之间的区别，就是籽料经历流水冲刷磨砺的时间最长，山流水料次之，而山料则基本没有经过大自然中流水的洗礼。

中国有句成语，叫做"水滴石穿"。意思是说：一滴又一滴的水珠，终年不停地滴在同一块石头的同一个位置上，天长日久下来，石头可以被水滴凿穿，凿出一个对穿的孔洞来。那么，亿万年下来，川流不息的流水，自然也可以将坚硬的磐石都冲刷殆尽。而藏友们所追逐的新疆和田籽玉，就是在这亿万年的天长日久中，始终经历着玉龙喀什河中湍急水流的磨砺而成的。从山料状态到山流水料状态，最后到籽料状态，玉料中玉质结构相对疏松的部分，被流水冲刷殆尽，通常，最后剩下的都是玉料质地的精华所在。而这些"玉材精华"，就成为了玉器收藏市场上，现代和田玉爱好者们热捧的和田籽料。因此，通常来说，新疆和田玉的材质，以和田籽玉为最佳，山流水料次之，山料再次之。

当然，笔者说的，只是一个相对的常见普遍情况。在山流水料与山料中，也有质地上佳的玉料。只是相对而言，和田籽料中材质上佳的情况出现的概率，要比和田山料与和田山流水料中材质上佳的概率要更高些。藏友们在收藏和田玉时，需要具体情况具体对待，"活学活用"非常重要，千万不要生吞活剥、生搬硬套。

再来说说和田籽料矿脉的所在地，由亿万年的雪水冲刷而成的季节性河流——新疆玉龙喀什河（新疆和田河）。自昆仑山脉北坡冰川的玉龙喀什河源头开始，流经洛浦县，在阔什塔什与卡拉喀什河汇流成和田河。整条玉龙喀什河的矿脉延绵了数百公里。但是通常来说，出产最顶级的精品新疆和田籽玉原石的矿脉，也就是下游低海拔处的区区几十公里。随着和田籽玉大规模机械化挖掘的开采方式普遍推广，玉龙喀什河下游的矿脉首当其冲地被挖掘殆尽。

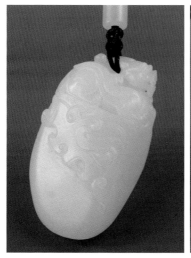

图5-2　新疆和田籽玉，独籽雕件，貔貅

随着下游的和田籽玉矿脉逐渐消弭，现代昆仑采玉人们的挖掘机的开采矿点，也逐渐慢慢地向高海拔、高纬度的和田河中上游推进。

通过前文的介绍，读者们应该能够了解，玉龙喀什河的海拔越高，其河床也在渐渐地从下游向中上游过渡，而河流的玉材矿脉，也渐渐地从和田籽料矿脉，向和田山流水料矿脉过渡。

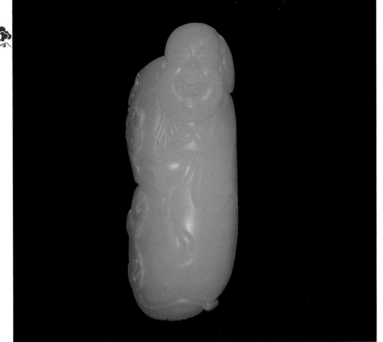

图5-3　新疆和田籽玉，独籽雕弥勒挂件

同时，开采出来的和田玉的块度也越来越大，玉材的各项鉴赏指标，也渐渐地向山流水料过渡。而相对和田籽料而言，和田山流水料的棱角要分明些，块度也要更大。这就是最近三五年来，采玉人提供到市场上交易的和田籽玉原料的块度越来越大的原因所在。

事实上，从玉龙喀什河的高海拔和田籽玉矿脉处，开采出来的大块度的新疆和田籽玉，虽然已经初步具备了新疆和田籽玉的所有特征，但是其在玉材的质地方面，与玉龙喀什河下游的小块度的原生和田籽玉，还是有优劣的差距的。

通常来说，高海拔处开采出来的、大块度的和田籽玉，因为相对来说，缺少了千万年大自然的洗礼，缺少了千万年玉龙喀什河流水冲刷的自然选择，不管是软玉的"德"方面，也就是前文所说的结构、油份、糯性、纯度等参数，还是软玉的"符"

图5-4　新疆和田籽玉，切料雕件，貔貅无事牌

方面，也就是前文所说的颜色、皮色、料形等参数，比小块度的原生和田籽玉都要相对欠缺。

 "德"

其次，笔者从"德"方面，给读者们分析一下"原生小籽料"和"大料切成的小籽料"的区别。

在"结构"方面，大块度的和田籽玉的阴阳面相对比较明显。通常来说，有些大料的阳面的结构细度，看上去要比大料阴面的结构细度好不少。目前和田玉收藏市场上，很多用"大料切成的小籽料"雕琢而成的玉件，其结构的疏松程度，甚至接近山料。这种情况，往往很多就是因为选用了大块度和田籽玉阴面的玉材而造成的。而原生小籽料，相对来说，结构的阴阳面差异要小很多，结构也相对比较致密。

在"油份"和"糯性"方面，由于大块度和田籽玉的阴面玉材，在整块玉料中所占的比重，相对比原生小籽料要高，因此整体的油份与糯性也较之原生籽玉小料要欠缺些。目前和田玉收藏

图5-5　新疆和田籽玉，原生小料俏色雕刘关张

市场上，藏友们时常会遇到许多和田籽玉的雕件，其所用的玉材的确是新疆和田籽玉，如假包换。但是，玉雕件却总感觉有点不足，比如说玉料的质地发乌，玉件的地张发飘，油份虽有，却不充足，糯性更是难得一见。有些和田籽玉的玉雕件，甚至乍一看，都有点类似青海料了。通常来说这些情况，大多数出现在大块度和田籽玉阴面的材料上，出现在"大料切成的小籽料"上。在原生小籽玉上，这种情况则要少见得多。

在"纯度"方面，大块度和田籽玉与原生小籽料相比，相对来说也要欠缺些。同一块和田籽玉大料阴阳面的不同部位，时常出现颜色差异非常大的情况。尤其是"瑕疵"方面，在大块度和田籽玉的阴面玉材上，时常能观察到相对明显的石僵。同时许多大块度的和田籽玉的阴面玉材上，时常出现玉料穿糖色的现象。包括结构纹理的均一程度，大块度和田籽玉通常也会比原生小籽料要相对欠缺不少。

图5-6 新疆和田籽玉，切料雕件，貔貅，阳面的玉料质地与独籽无异

因此通常来说，由"大料切成的小籽料"雕琢而成的玉雕件，在纯度方面也比"原生小籽料"的玉雕件要欠缺一些。

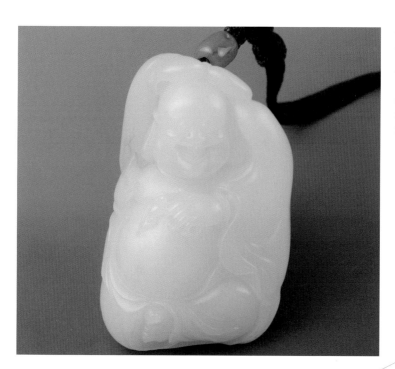

图5-7 新疆和田籽玉，羊脂白玉，独籽雕弥勒

"符"

　　再次，笔者从"符"方面，给读者们分析一下"原生小籽料"和"大料切成的小籽料"的区别。

　　在"颜色"方面，大块度和田籽玉中，白度好的玉料比率，要远低于原生小籽玉。而且通常来说，很多大块度的和田籽玉即便有白度，其凝重感、浑厚感也相对欠缺。通常很多大块度和田籽玉，都属于颜色发灰的青白玉。至于其他颜色的大块度籽玉，例如黑色、绿色、黄色的玉料，颜色至纯的绝少见，本书就略过不提了。

图5-8　新疆和田籽玉，青白玉洒金皮龙凤对牌，原料取自1.5公斤的大料之上

在"皮色"方面，以笔者的经验来看，近年来在市场上流通的大块度和田籽玉，绝大部分都是被采玉人染过色的二上皮。读者们可以推测一下：如果这些大料的天然皮色唯美，那自然市场价值极高，采玉人也无须另费周折，给大料进行人工上色。因为这样的做法，只会降低天然皮色美艳的大块度原生籽玉的市场价格。由此反推可知，大块度和田籽玉中，通常天然皮色美艳的情况也相对较少，天然皮色对于大块度原料的价值提升帮助并不大。因此，藏友们在市场上看到的，由"大料切成的小籽料"雕琢而成的玉雕件，绝大部分都是人工二上的皮色，对于玉料鉴赏也没有任何帮助。这与原生小籽玉是截然不同的。

至于"料形"方面，由于"大料切成的小籽料"都是需要玉匠们雕琢的，因而不存在"玩料"之说。换句话说，需要雕琢加工的原料，其造型如何，对鉴赏的影响并不大，因此"料形"也就无从谈起了。

市场与收藏价值

最后，笔者从"市场与收藏价值"方面，给读者们分析一下"原生小籽料"和"大料切成的小籽料"的区别。

从市场价格来看，大块度和田籽玉由于块度较大，一般来说整块玉料的市场总价，通常要比同等档次原生小籽料来得高。关键问题是，虽然大块度和田籽玉的市场总价高，但是如果按照每克的单价来计算，大部分情况，单价却要比同等档次的原生小籽玉低很多。因此用"大料切成的小籽料"雕琢而成的玉雕件，其原料的每克单价成本，就要比原生小籽料的玉雕件的原料成本要低不少。因此，笔者强烈建议和田玉爱好者们，在出手购入和田籽玉的雕件时，需要注意学会区分"原生小籽料"和"大料切成的小籽料"。因为，两者之间的市场价格是有较大差异的。

再从收藏价值上来分析，还是用前文讲述过的两条原则看衡量。一，"物依稀为贵"原则；二，"符合中国传统文化"原则。

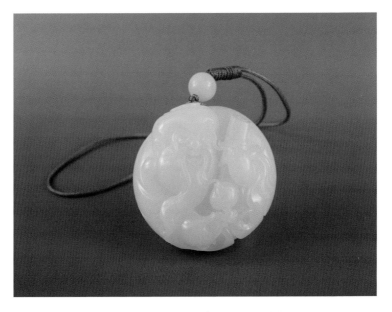

图5-9 新疆和田籽玉，老寿星把件，原料为镯心

以笔者这么多年的从业经验来看，市场上的新疆和田籽玉雕件，由"大料切成的小籽料"加工而成的玉雕件的数量，要远胜于用"原生小籽料"加工而成的玉雕件，这种现象在"玉雕把件"中很常见，在"玉雕挂件"中更为多见。原生小和田籽料，由于产量有限，早在数年前，便已经无法满足日益增长的市场

需要了。数量的稀缺也造成了原生小和田籽料的市场价格日新月异、突飞猛进。"退而求其次"，玉商们将大块度的和田籽玉切开，切成大大小小的玉料毛坯，然后再雕琢成各种各样的和田玉雕件，实在也是不得已而为之。

前文已经讲过"原生小籽料"和"大料切成的小籽料"在玉料的材质方面的区别了。自然，从古人描述的"玉之五德——仁、义、智、勇、洁"来分析，"原生小籽料"的玉雕件，在材质方面，比"大料切成的小籽料"的玉雕件，毫无疑问要更加接近古人对于和田玉的传统理解。

综上所述，笔者认为，藏友们在收藏和田籽玉时，主要是在收藏和田籽玉的雕件时，应该要注意区分"原生小籽料"和"大料切成的小籽料"之间的差异。因为两者之间虽然一脉相承、同气连枝，但是不管是市场价格还是收藏价值上，毕竟还是有一定的差距的。

当然，笔者并没有全盘否定"大料切成的小籽料"的意思。大块度的和田籽玉中，也有部分玉材的质地是上好的，而且它们的品质也不亚于"原生小籽料"。笔者自己的诸多和田籽玉雕件藏品中，就有部分是用"大料切成的小籽料"雕琢而成的玉雕件。藏友们千万不能片面武断地将"大料切成的小籽料"一概否定，一棒子打死。只是在收藏和田籽玉雕件的时候，需要练就火眼金睛，将"大料切成的小籽料"玉雕件中质地上佳的部分挑出来。

当然，笔者在此也郑重提醒藏友们：和田玉收藏练眼力，没有"华山捷径"可寻求，藏友们应该不盲从、不冲动，多看、多想、多实战、多历练，"实践出真知"嘛。

鉴别

　　介绍完了"原生小籽料"和"大料切成的小籽料"的区别，当然要介绍一下两者的鉴别方法啦。坦白说，笔者个人以为，在雕成玉雕成品件后，"原生小籽料"和"大料切成的小籽料"的鉴别，是有一定难度的。

　　"原生小籽料"和"大料切成的小籽料"在原材料方面，鉴别起来十分容易，一个是原生态，另一个是切割状态，基本上属于不言自明的事实，笔者就不再赘述了。事实上，两者之间鉴别的难点，在于如何区分玉雕成品件的毛坯玉料是"原生小籽料"和"大料切成的小籽料"。

　　那么，应该如何区分"原生小籽料"玉雕件和"大料切成的小籽料"玉雕件呢？通常来说，藏友们可以通过对以下几个方面的分析来判断两者之间的差异：

● **器形**

● **毛孔**

● **材质**

● **皮色**

器型

所谓"器形"，是指玉雕成品件的大体造型。

最近十年来，新疆和田籽玉作为诸多软玉中最好的一种玉材，在供求关系的差距急剧拉大的情况下，原材料价格突飞猛进。因此玉匠们在设计和雕琢玉件时，在不影响玉雕件的大形布局的前提下，通常都会尽量多的保留玉材。因为和田籽玉的价格今非昔比，去除掉一克，往往就是几百上千甚至上万的料钱去除掉了。因此，从玉雕成品件的大致造型上，有经验的藏友们是基本可以推断出原料毛坯的初始形状的。

那么，"原生小籽料"的玉雕件和"大料切成的小籽料"的玉雕件在"器形"上有哪些差异呢？一般来说，如果是由原生小籽玉雕琢而成的玉雕件，由于原生籽玉的天然造型非常不规则，所以玉雕成品件的造型也相对来说不是特别规整的。但是，虽然原生小籽玉的天然造型不规整，由于和田籽玉多呈鹅卵形，因此原生小籽玉的形状上，基本上没有特别突兀之处的。事实上，以笔者多年的经验来看，市场上的和田籽玉，绝少看见原生籽玉有外形上棱角分明、线条突兀的情况。那么自然，原生小籽玉的玉雕件造型上，大致也都会具备以上特点。

但是，如果是由"大料切成的小籽料"雕琢而成的玉雕件，由于切料是大块度玉料在人工切割之下产生的，因此大体形状上，总是造型规整，甚至棱角分明，由于切割工具的原因，许多切料毛坯的器形，时常有一个面甚至几个面是平面的。因此切料玉雕件的造型上，读者们可以仔细观察，反推玉件的毛坯玉料形状，大致也会具备以上特点。

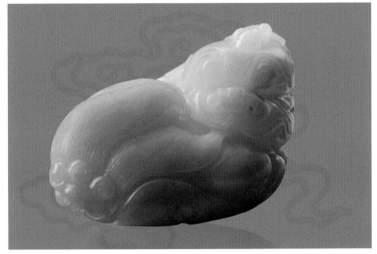

图5-10　新疆和田籽玉，天然橘红皮色，原生小料雕貔貅

当然，藏友们从玉雕件的大体形状，反推原料的大体形状，然后用来辅助判断玉雕成品件是"原生小籽料"玉雕件，还是"大料切成的小籽料"玉雕件，进行这些相关的专业判断，是需要藏友们有一定的实战基础的。初学者不是特别容易上手，而且仅仅依靠和田籽玉雕件器形上的判断，也不能完全百分之百断定正确的结果。还需要结合其他几个方面来综合鉴别。

毛孔

本文所谓的"毛孔"，就是和田籽玉表面天然的"砂眼麻皮坑"。由于砂眼麻皮坑的外观，看上去酷似人类皮肤表面的样子，因此业内都习惯性地将其俗称为"毛孔"、"皮子"或者"皮肤"。

和田玉收藏时间开始较早的爱好者们很多都知道：玉匠们在雕琢和田籽玉的玉件时，若"毛孔"不能成为构思巧妙的一个设计，通常都是要直接去除的。因为深深浅浅的"砂眼麻皮坑"没有丝毫的美感，雕琢时若将之保留在和田籽玉雕件上，非常有碍美观，假如无意中留着，相当于一个瑕疵没有去除，可以说，是一个不大不小的败笔。

但是，从2004年左右开始，玉匠们在雕琢和田籽玉雕件时，却一改以往务求雕件完美的宗旨，时常都会考虑尽量在雕件合适的部位，将"毛孔"留下。哪怕是只能留一小块"毛孔"，哪怕这一小块"毛孔"留着看上去非常之异怪，非常之不和谐，只要能留下，玉匠们都会想尽方法留下。

这是为何呢？究其原因，因为这"砂眼麻皮坑"，是新疆和田籽玉所独有的表皮特征，是帮助判断玉料是否是新疆和田籽玉的重要依据之一。而且，对于初学和田玉收藏的爱好者来说，认识"毛孔"相对比较容易，"毛孔"的理解和辨别比较易于上手。玉雕件上留下些许的"毛孔"，有助于初学和田籽玉收藏的爱好者们判断玉材是否是和田籽玉。更重要的是，最近几年，初投身到新疆和田籽玉收藏大军的爱好者，数量实在惊人，而且仍在急剧增加。可以说，最近十年来，和田籽玉收藏人士的数量和新老藏友数量之间的结构配比，都发生了翻天覆地的变化。为了适应和迎合这个全新市场的需要，现在的和田籽玉雕件，通常都会留下毛孔。

那么，"原生小籽料"的玉雕件和"大料切成的小籽料"的玉雕件在"毛孔"上有哪些差异呢？藏友们知道，原生和田籽玉的表面，不管有没有颜色，通常都是全部带有天然的砂眼麻皮坑的。也就是说,天然和田籽玉,通常是周身都带有"毛孔"的。而有经验的玉匠们,在雕琢原生小籽料的和田玉雕件时,会尽量在玉件周身的不同部位,都留有部分毛孔。藏友们只需要多加注意,便不难发觉这些毛孔。从玉雕件所保留的各个毛孔所在的位置,藏友们便可以大致用来判断玉雕件的原料毛坯是否是小块度的原生和田籽玉了。

与"原生小籽料"表面的毛孔情况有所不同,"大料切成的小籽料"由于不是天然原生的和田籽玉,因此通常不可能周身全部都带有砂眼麻皮坑。而且通常母体籽玉原石的块度越大,切料所预留下来的毛孔越少。部分由大块度和田籽玉切成的籽料毛坯,由于原料的块度过大,原料中心部位的玉料,甚至都无法保留下毛孔。自然,在"大料切成的小籽料"的和田玉雕件上,即便留有毛孔,毛孔的位置通常也都是集中在某几个面,甚至是集中在某一个面上,而不可能是周身都带有毛孔的。

由此可知,经由籽玉切料雕琢而成的玉雕成品件,其所预留的毛孔,与切料的原料一样,也是无法面面俱到的。读者们可以从玉雕件毛孔所在的部位,来反推玉料毛坯阶段的大体造型,进而判断玉雕件是"原生小籽料"的玉雕件还是"大料切成的小籽料"的玉雕件。

当然,关于"毛孔"的问题,早就可以作假了。而且现在的有些高超的毛孔作假技术,已经可以把和田籽玉的砂眼麻皮坑做到以假乱真的地步。因此藏友们在参考毛孔辨别玉料时,还需要对毛孔的真假进行鉴别。这个在后面的章节处会有详细的讲解,此处笔者不再赘述。

🌸 材质

　　那么，"原生小籽料"的玉雕件和"大料切成的小籽料"的玉雕件在"材质"上又有哪些差异呢？前文笔者已经介绍过，就和田玉的质地而言，山料、山流水料和籽料之间，通常情况下相对来讲，籽料质地最佳，山流水料次之，山料再次之。而最近几年，在高海拔地区开采出来的大块度和田籽玉，矿点相对靠近玉龙喀什河的中上游。很多大块度和田籽玉阴面的玉料，虽然已经初步具备了和田籽玉的相关特征，理所当然是属于"和田籽玉"，但是由于在玉龙喀什河中经历大自然选择和洗礼的时限相对较短，材质的特性已经开始渐渐向山流水料靠近。

　　因此通常来说，"大料切成的小籽料"的玉雕件，其质地上相对比"原生小籽料"的玉雕件要欠缺些，从结构到油份、糯性，整体都要相对欠缺一些。同时就颜色而言，大块度玉料中白度上佳的玉料所占比率也比较小，通常都是以闪灰色或者闪青色的和田青白玉为主。现在的和田籽玉收藏市场上，很多籽玉的成品雕件都是用"大料切成的小籽料"雕琢而成的。这就是最近几年，市场上非常多见和田籽玉雕件的颜色总是闪灰或者闪青的原因。而且大块度的和田籽玉，即便其颜色是白度上佳，但是玉材质地却时常缺乏凝重感，给人感觉玉材的浑厚程度不足，也就是所谓的玉材的老结度不够。业内老行家们常说的"玉料感觉有些嫩"，就是这个意思。藏友们可以仔细观察籽玉雕件的材质，反推这些玉雕件是"原生小籽料"的玉雕件，还是"大料切成的小籽料"的玉雕件。

　　但是，请读者们注意，笔者这里讲的大块度和田籽玉的情况，只是一个相对的现象，是"大料切成的小籽料"相对"原生小籽料"而言的通常情况。这样情况只具有一个相对的普遍性，并不是百分之百都如此。藏友们在具体的实践中，需要灵活运用，千万不要千篇一律、墨守成规。事实上，大料中也有很多玉料，其各项鉴赏指标都是非常不错的。

皮色

　　本书所说的皮色，就是指新疆和田籽玉表面的颜色。读者们请注意，此处所讲"皮色"，有别于前文所讲的"毛孔"。真正的新疆和田籽玉，一定带有砂眼麻皮坑一样的毛孔，但是却未必都带有天然的皮色，后面的章节笔者会详细介绍，此处不再赘述。

　　那么，"原生小籽料"的玉雕件和"大料切成的小籽料"的玉雕件在"皮色"上又有哪些差异呢？坦白说，依笔者从业这么多年的经验来看，最近几年的和田玉市场上，大块度的和田籽玉表面的皮色，绝大部分都是人工染色的，或者人工二次加色的。皮色纯天然不作伪的大块度和田籽玉已经极为少见。

　　因此，藏友们如果看到和田籽玉雕件的皮色是人工作伪的加色皮时，非常有可能这个玉雕件便是用"大料切成的小籽料"雕琢而成的。尤其是和田籽玉成品雕件的皮色，一眼就能看出是明眼的拙劣的加色皮时，这个玉雕成品件是用"大料切成的小籽料"做的概率还是相对颇高的。

当然，现在和田玉收藏市场上，有为数不少的"原生小籽料"，其表面也都作了人工上色处理。因此藏友们也不能单一的专注于通过皮色的作伪，来判断和田籽玉雕件的毛坯料是"原生小籽料"还是"大料切成的小籽料"。不过相对来说，如果籽玉雕件的皮色是纯天然的，那么玉雕成品件是用"原生小籽料"雕琢而成的概率，自然也要相对高些。

综上所述，判断玉雕件是"原生小籽料"的玉雕件和"大料切成的小籽料"的玉雕件，可以从器形、毛孔、材质和皮色几个方面来着手。

行文至此，笔者想着重提醒一下各位读者：判断和田籽玉雕件是"原生小籽料"的玉雕件还是"大料切成的小籽料"的玉雕件之时，务必要综合考量笔者文中所提的每个特征点，千万不可断章取义，片面的只看某点，便草率地下定论。

和田籽玉的鉴赏是一个博大精深的课题。玉器鉴赏眼光的提高是个循序渐进、持之以恒的过程，绝非一朝一夕可以一蹴而就的。因此，笔者奉劝有志于和田玉收藏的广大玉友们，尤其是初学和田玉收藏的玉友们，在和田玉收藏道路上，要多实践，多思考，少出手，按部就班，戒骄戒躁。有道是"千里之行，始于足下"，功夫用到位了，自然水到渠成。

第六章
细说新疆和田籽玉的皮色

 基本概念释疑

在分类详细讲解新疆和田籽玉的皮色之前，笔者要先解释几个非常容易混淆的概念。

汗毛孔（砂眼麻皮坑）

皮色

- 真皮色
- 假皮色
- 完全假皮色
- 加强色

皮（皮子）

光白籽

白皮料

- 僵皮

- 活僵

- 死僵（石僵）

🌹 汗毛孔（砂眼麻皮坑）

　　"汗毛孔"：俗称"毛孔"，新疆和田籽玉在玉龙喀什河中，经历了亿万年的流水冲刷和侵蚀。由于流水之中含有许多高硬度的细小颗粒，这些颗粒随着湍急的流水不断撞击着和田籽玉的外表面，因此经历了天长日久的流水洗礼之后，和田籽玉的表面自然形成了许多大大小小并且分布不规则的"凹坑"，专业术语称之为"砂眼麻皮坑"。由于这些"砂眼麻皮坑"看上去，非常类似人类皮肤的汗毛孔造型，因此，业内人士通常都形象地称其为"汗毛孔"。请读者们千万注意，"汗毛孔"只是和田籽玉表面的一种结构状态，其可以有颜色，也可以没有颜色。

　　另外通常来说，由于和田山料与和田山流水料，没有经历过亿万年流水的冲刷，因此玉材表面是没有砂眼麻皮坑的。换句话说，真正的"砂眼麻皮坑"，是籽玉所独有的特征。同时，因为观察"砂眼麻皮坑"的方法浅显易懂、易于上手，因此和田玉收藏爱好者们，经常将"砂眼麻皮坑"作为判断玉材是否是和田籽料的主要依据之一。

请读者们注意：笔者说的是"真正的砂眼麻皮坑，是和田籽玉独有的特征"。而不是但凡是砂眼麻皮坑，也就是"汗毛孔"，就能成为鉴定玉材是否是和田籽玉的判断依据的。因为"汗毛孔"是可以作假的，而且目前的造假技术已经十分高明，人工伪造的"汗毛孔"已经基本上可以做到和真的天然砂眼麻皮坑没有差别的地步了。

现在的和田玉收藏市场上，玉匠在设计、雕琢和田籽玉的玉件之时，通常都会刻意地留一些"汗毛孔"，作为该玉雕件是由新疆和田籽玉雕琢而成的有力佐证。然后问题就来了：由于"汗毛孔"作假手段几可乱真，原生和田籽玉表面整张的"汗毛孔"若作假，判断起来尚且十分费力；玉雕成品件上几处甚至一处，保留一些小块的"汗毛孔"，实在让人真假莫辨。

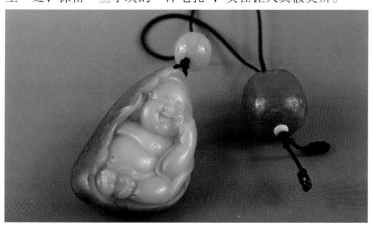

图6-1　新疆和田籽玉，天然枣红皮弥勒把件，汗毛孔非常清晰

因此，笔者提醒各位和田玉收藏爱好者：千万不要一看到玉雕成品件保留有"汗毛孔"，就立即百分之百确认雕件选用的玉材原料是新疆和田籽玉！因为"汗毛孔"作假技术已经足以以假乱真了！读者们在判断玉件所用玉料的产地时，除了观

察玉雕件保留的"汗毛孔"之外，还需要结合观察玉材的质地，从玉料的结构、油份和糯性等玉料的质感方面，综合来鉴定玉料的产出地，这样才不容易出错。

事实上，在玉雕成品件上尽量保留有"汗毛孔"这个现象，以大规模的普遍推广始于2004年左右。早年玉匠们在雕琢新疆和田籽玉的玉件时，并无刻意保留"汗毛孔"的习惯。究其原因，"汗毛孔"在造型上并无太多美感可言，甚至有些不美。早些年，若刻意地、无原则地在玉件上保留一些"汗毛孔"，不仅给人感觉十分突兀，严重的甚至可以认为是玉雕成品件的一处瑕疵，是玉匠设计、雕琢不慎而留下的一个败笔。换句话说，"汗毛孔"的刻意存留，是不会提升任何玉雕成品件的价值的，若留得不巧，甚至还会到对玉雕成品件的收藏价值和经济价值产生负面影响。

同时，早些年痴迷和田玉收藏的爱好者们的数量，远远不如现在多，并且是以资深的内行的和田玉爱好者居多。经验老到的和田玉玩家，判断玉雕成品件是否是由和田籽玉雕琢而成，是直接观察玉材质地的。这种鉴别方法直观、准确，但却是以长年累月的实战经验为基础的。因此，早年的和田籽玉雕琢而成的玉雕成品件，根本没有刻意保留"汗毛孔"的必要。

但是现在的和田玉收藏市场上，爱好者们虽然数量惊人，但是绝大部分都是初学的玩家。他们在鉴定玉雕成品件所选用的玉材时，由于经验相对欠缺，把握玉质十分困难。因此，通常都会关注"汗毛孔"——这个和田籽玉所独有的特点。这就是最近几年，和田籽玉的成品雕件为何提倡保留"汗毛孔"的原因。

其实，为了便于鉴定玉雕成品件所用的玉材，是否取自新

图6-2　新疆和田独籽，喜事连连挂件，天然红褐皮

疆和田籽玉，而刻意的保留"汗毛孔"，本无太多过错。但是，笔者要提醒各位读者们一句，"玉雕成品件因为刻意地保留有'汗毛孔'，而能够提升其经济价值"，却是极大的谬误。现在市场上，有部分和田玉爱好者受一些别有用心的商家的误导，错误地以为：和田籽玉的成品雕件，保留有"汗毛孔"，价值就珍贵些，价格也就高些；没有保留"汗毛孔"，价值就低些。这个观点是完全错误的！

　　因此，请读者们明白："汗毛孔"并非是鉴定玉材是否是"和田籽玉"最权威的最精确的方法。保留"汗毛孔"只是为了辅助鉴定玉材产地，并不能提升任何经济价值。

皮色

　　何为新疆和田籽玉的"皮色"呢？就是指新疆和田籽玉在自然环境中，天长日久地受玉料周围生存环境中的致色元素的侵染，表面自然形成的天然受沁的颜色。市场上常见的和田籽玉的天然皮色多种多样，主要以红黄色系、黑褐色系等较为多见。

读者们注意，皮色也有真皮色和假皮色之分！

何为"真皮色"？顾名思义，就是和田籽玉表面的纯天然的皮色。和田籽玉的真皮色上色自然，色泽优美，色彩丰富多样。是大自然鬼斧神工的杰作，即便是后天的人工手段（例如沸水煮，清水长时间浸泡，甚至84溶液濯洗等）也不易使之褪色。同时，新疆和田籽玉表面带有天然的真皮色，是能够提升其市场价值的。越是美艳稀有的天然皮色，越是能够提升该和田籽玉的市场价值和收藏价值。

何为"假皮色"？顾名思义，在新疆和田籽玉表面上，后天人工作伪、人为染色出类似天然效果的皮色。假皮色是会负面影响和田籽玉成品玉雕件的市场价值的。但是假皮色又能为不法商家带来更多牟取暴利的机会。

和田籽玉的皮色作假的情况，常见有以下三种：

其一，以假乱真，掩盖玉料的质地特征。这类情况通常在"滚料"上运用得比较多见。上文有介绍，有经验的和田玉收藏爱好者，可以凭借观察玉件内部的结构情况，来判断、鉴定玉件的玉材是何种玉料。部分商家将俄罗斯料、青海料乃至韩国软玉等低端玉材，先切割整形，然后用机器滚磨成圆形（业内通常将此类玉料称为"滚料"）；然后人工做上伪造的"汗毛孔"，最后在玉料的表面，染上厚厚的颜色，使买家无法真切地观察到玉料的质地情况，进而作出错误的判断，给出高于玉料应有价值的成交价格。

这类造假手法，大部分情况下，通常做工都比较粗糙，易于辨认。但是最近几年的和田玉市场上，也有此类"滚料"的作假手段相当高明的现象。有些收藏和田玉多年的资深玩家，都在部分高仿的玉料面前判断失误，造成经济上的巨大损失。

图6-3　新疆和田籽玉，金包银玩料，天然真皮色

其二，掩人耳目，掩盖原有玉料上的天然瑕疵。这类情况的制造者目的明确，不求以假乱真，只求混淆视听。因而此类情况的人工作伪皮色的真假也相对比较容易鉴别。在新疆和田籽玉上，尤其是块度较大的和田籽玉上，时常带有许多瑕疵，例如石僵、黑点等等。通过在玉石原料表面的厚厚的人工作伪皮色，使买家无法明确洞察玉料内部的情况，进而对玉料内部

图6-4　新疆和田籽玉，皮色人工加强

的情况作出错误的判断，给出高于玉料应有价值的成交价格。这是最常见的大块度和田籽玉皮色作假的原因之一。

其三，以次充好，通过足以乱真的高仿的人工作伪皮色，虚假地提高新疆和田籽玉的市场售价。此类玉料皮色的作假情况，通常出现在原本就质地尚佳的新疆和田籽玉之上。而且有时候，此类玉料表面是带有一些天然的皮色的，只是这些天然皮色看上去比较少、比较浅，或者看上去不是很漂亮。作假者的目的也非常明确，旨在通过高超的人工皮色作伪手段，美化和田籽玉表面原有的皮色，同时因为作假手法高超，能让买家错误地以为玉料的皮色是纯天然的，从而给出远高于玉料应有价值的成交价格，达到以次充好、牟取暴利的目的。

事实上，玉料的假皮色若加以细分，还可以分为"完全假皮色"和"加强色"。

何为"完全假皮色"？玉料的表面原来没有任何颜色，通过后天人工作伪的手段，在相对较短的时间内用染色颜料使其上色，这就是完全假皮色。相对来说，完全假皮色的染色工艺比较粗劣，容易褪色，容易区分。上文介绍的玉料皮色作伪的情况一与情况二，通常都属于"完全假皮色"。

何为"加强色"？业内也称之为"二上色"，玉料的表面原本有些真的皮色，但是，为了使玉料的皮色视觉效果更加漂亮，从而能够卖个更好的价格，通过后天人工作伪的手段，在相对较短的时间内用染色颜料使其皮色加深加强，这就是"加强色"。上文介绍的玉料皮色作伪的情况三，通常都属于"加强色"。业内通常也将此类情况称为"二上色"或者"皮色二上"。相对而言，"加强色"的制作工艺手段要精密、细致很多，而且由于玉料原本带有一些天然皮色，所以玉料皮色真中带假，假中有真，真假混杂，非常难以辨认。有些作假手段高超的"加强色"和田籽玉，即便是收藏和田玉多年的资深玩家也时常难于把握，出现误判，稍有不慎，便会吃亏上当，蒙受巨大的经济损失。

🧠 皮（皮子）

新疆和田籽玉的"皮"，业内也习惯称之为和田籽玉的"皮子"。坦白说，笔者个人认为，"皮"这是一个非常容易混淆视听的概念，是一个非常需要明确界定的概念。

何为和田籽玉的"皮子"？笔者认为："皮子"包含了两层含义。一层含义，是指和田籽玉表面的砂眼麻皮坑状的结构形态；另一层含义，则是指和田籽玉表面所带的各种各样的颜色。简单地说，和田籽玉的"皮子"，既指和田籽玉的"汗毛孔"又指和田籽玉的"皮色"。广大和田玉爱好者们在实际鉴别和田籽玉时，是需要明确加以区分的。

但是在实际运用中，情况却往往不是如此。现今的和田玉收藏市场上，许多初学和田玉收藏的爱好者们，对于这两个概念是非常模糊的。这正好为部分别有用心的商家所利用，使他们有了可乘之机。

爱好者们在购买和田玉时，时常会询问关于"皮子"的情况。买家在咨询和田籽玉的"皮子"的相关情况之时，明明意在询问玉料"皮色"的真假情况，有些商家却故意答非所问，回答的是玉料"汗毛孔"的真假情况。请读者们注意：市场上非常多的新疆和田籽玉，其表面的"汗毛孔"是真的，但是"皮色"却是假的！毫无疑问，在其他指标相同的情况下，真"毛孔"、真"皮色"的和田籽玉，价值肯定比真"毛孔"、假"皮色"的和田籽玉要高。

当有些无良商家信誓旦旦地用人格与尊严保证，其出售的新疆和田籽玉的"皮子"是真的之时，已经不动声色地偷换了一个概念。他们的真正意思是，保证其出售的新疆和田籽玉的"汗毛孔"是真的，而不是保证其出售的新疆和田籽玉的"皮色"是真的。即便事后买家发觉购买的玉件"皮色"有问题，卖家也可以推说当时说"包真"，是指的"汗毛孔"包真，而不是指"皮色"包真。碰到此类情况，往往吃亏上当的买家是"哑巴吃黄连——有苦说不出"。因此，笔者提醒各位和田玉爱好者们，在购买和田玉件，向卖家详细询问玉件的"皮子"的情况时，

图6-5　新疆和田籽玉玩料，表面既有毛孔，又有天然皮色

请明确表述要询问的内容，莫要让人有机可乘。事前莫嫌麻烦，好过事后捶胸后悔。

事实上，以笔者个人观点来看，严格意义来说，用"皮子"这个词语，来描述新疆和田籽玉表面的情况，是非常不准确、

图6-6 新疆和田籽玉，白色的为光白籽

非常不严谨的。收藏爱好者们应该直接用"皮色"和"汗毛孔"来表述玉料的表面情况，如此方能准确无误。

光白籽

何为"光白籽"？顾名思义，"光白籽"就是表面光光的，没有带任何皮色的籽玉。当然，业内一般提到"光白籽"时，指的都是和田籽玉。大体上来说，就新疆和田籽玉而言，其表面既可以带各种天然皮色，也可以不带任何天然皮色。前者业内俗称"皮色料"，后者业内俗称"光白籽"。两者都是和田籽玉，所不同的是一个带天然皮色，另一个没有天然皮色。

还有一点请读者们留意，就是"光白籽"的表面，虽然不带有任何天然皮色，但是却一定带有砂眼麻皮坑，也就是"汗毛孔"。事实上从生成环境来分析，汗毛孔既是籽玉所独有的特征，也是所有新疆和田籽玉都具备的普遍共性。

图6-7 新疆和田籽玉，光白籽雕观音挂件

总结来说，但凡玉料是新疆和田籽玉，则一定带有"汗毛孔"。但是，却不是所有的新疆和田籽玉，都带有天然皮色的。对于新疆和田籽玉而言，天然皮色可带可不带，"汗毛孔"却是一定具备的。

此处还有一个新手时常步入的误区：因为光白籽表面不带任何天然皮色，而和田玉许多又都是白色的玉料，所以有部分初学和田玉收藏的朋友，会将"光白籽"错误地理解成"白皮料"。事实上，"光白籽"与"白皮料"是两个完全不同的概念。"光白籽"是不带任何天然皮色的；而大部分"白皮料"的表面，却恰恰不是白色的，时常带有很多天然的红黄色系的皮色。

🌸 白皮料

那么，何为"白皮料"呢？与之前所有的概念都不同，"白皮料"若是也顾名思义，那就谬以千里了。若简单从字面理解，"白皮料"看似应当是白色皮的玉料或者是无皮色的玉料，但事实上却恰恰相反，"白皮料"的皮色通常都不是白色的。

那么"白皮料"应该如何去相对准确的界定呢？事实上，到目前为止，对于"新疆和田籽玉"中的"白皮料"的具体成因，市场上众说纷纭，莫衷一是。而且到笔者写稿之时，尚未听说有哪个权威的科研机构对"白皮料"的具体成分和成因有过明确的并且精确的分析和解释。事实上，白皮料拿在手里，乍一看，与那些市场价值不高的僵皮极为类似。

笔者也曾经数度与同道中的朋友们，探讨过关于"白皮料"的问题。综合了很多朋友的观点之后，笔者个人分析归纳了一下白皮料表面的成因，仅代表笔者个人观点，供各位和田玉爱好者们参考。具体细节如下：

所谓新疆和田籽玉的"白皮料"，是指和田籽料的表面有一层薄薄的白色僵皮；和田籽料在大自然的环境中，受周围自然环境中致色元素的沁染，在这层白色的僵皮之上，天然受沁了各种颜色，而且这些颜色以黄色和红色居多。

请注意，和田籽料的僵皮，有"活僵皮"与"死僵皮"之分。

所谓"死僵"，业内也称"石僵"，笔者个人的理解是，这类僵皮的石性非常之重，透闪石含量极低，乍一眼看上去非常像普通石头的感觉，了无生气，毫无软玉的质感。"死僵"用光源照射，基本也不透光线，而且不管经历怎样人为的盘玩和摩挲，石僵依然是石僵，基本上不会有太多质的变化。同时很多和田籽玉带"死僵"的部位，硬度也不够，许多情况下还出现吃刀的情况。各位藏友们甚至可以直接以"石头"等同对待。这类"石僵"，玉匠们在雕琢玉件之时遇上了，绝大部分情况，都是直接切除了事，通常除此以外没有更好的解决之道。藏友们在收藏和田玉件时，"石僵"也是应该尽量要避免收藏的。

"活僵"则不同，这类僵皮，初看是僵，但是仔细观察，却又不完全是石性，其内透闪石的含量也较之"死僵"要高。带有此类"活僵"的和田籽玉，绝大部分是有些透光的，而且硬度也与一般软玉类似,美工刀通常刻不动。同时此类"活僵"经过人工的盘玩和摩挲,假以时日,便能有质的突变。带"活僵"的和田籽玉,经过人工把玩,随着盘玩日久,不断地吐脏,不断地恢复,渐渐的便可以重新找回玉的质感。玉料会变得油润可嘉,同时透光度也会大大增加。有些玉料经过数年坚持不懈地努力盘玩,最终可以完全显露玉性,几乎看不出原有的玉料僵性。当然,这需要盘玩者有足够的耐心和毅力。

而和田籽玉中的"白皮料"体表所带的僵皮,则属于"活僵"的一种。但是"白皮料"所带的僵皮,又有别于一般"活僵"。稍有和田玉收藏经验的朋友都知道,和田玉的"僵"是因为含有某些杂质而造成的,这是明确属于玉料的瑕疵的一种。但是,"白皮料"表面的薄薄的那层僵皮,则更加像是受外界环境影响后,玉质产生钙化现象造成的。因为这层白皮,只浮游于玉料浅表,不会深入肌理。笔者就有位朋友认为,此类现象类似老玉中的鸡骨白沁。当然,此类说法笔者没有去考证过。但是不管是何种观点,都认可了"白皮料"的僵皮是"活僵"的说法。白皮料表面的活僵皮能盘透盘活——这是基本共识。而且就因为"白皮料"表皮的这层活僵,使"白皮料"在后天的自然环境中,比较容易受环

图6-8　新疆和田籽玉,白皮料天然黄皮龙龟

图6-9 新疆和田籽玉，白皮料，厚厚的枣红色白皮

境影响而上色。因此，多数白皮料，都是带有红色或者黄色的天然皮色的。

同时，"白皮料"用光源观察的时候，是明显透光的。当然，光线照射下，僵白色的阴影也是一目了然。但是，玉料表面的僵性，通过佩戴者的不断盘带，一段时间后，便可以明显改观。有些效果好的，僵皮部位甚至可以盘带到完全消失不见，光线照射时出现与一般玉料一样完全透光的效果。而且通常小块度的和田籽玉白皮料，皮色下面的玉质都是结构致密，温润浑厚，质地上佳，非常值得收藏。

另外还有一个很奇怪的现象，"白皮料"在和田玉市场上，是最近五六年开始大量出现的。笔者自己推测，估计有可能与和田籽玉的矿层分布有关。虽然同是玉龙喀什河的矿脉，但是矿层深浅、分布情况不同，以前昆仑寻玉人的挖掘机，尚未到达那个矿层与矿点。所以早些年，笔者在收藏和研究新疆和田籽玉之时，白皮料虽然有，但是为数并不多。而最近两三年，块度较大的，几公斤重甚至几十公斤重的和田籽料白皮料屡见不鲜。

图 6-10　新疆和田独籽，白皮料祝福挂件，天然黄皮

由于白皮料表面带有一层活僵，因此非常容易人工染色，故而这些大块度的和田籽料白皮料的表面，绝大部分都清一色的人工染着厚厚的假皮色。由于假皮色染得非常之深，以至于玉料很多部位用强光手电辅助观察，都无法探知其内部端倪。而且最近几年，"白皮料"频频面世，纵观这几年市场上出现的白皮料的品相，总体来讲，现在的白皮料玉质也是日趋下乘，一年不如一年。

这里笔者声明一句，关于"白皮料"表面僵皮的成因等科研类问题，笔者未曾科研分析和考证过，只是一家之言，仅供广大藏友们参考。

分类详解

"好肉不上皮"

在分类详细介绍皮色之前，首先要纠正一个业内很多初学和田玉收藏的玩家，都时常犯的概念性错误——"好肉不上皮"。

笔者经常看到有和田玉收藏爱好者，遇上和田籽玉带有天

图6-11　新疆和田籽玉玩料，质地细腻，皮色很难深入

然的皮色，立即便草率地作出判断，认为该和田籽玉的结构疏松，质地欠缺。当笔者询问其如此武断的判断依据来自何方时，通常十有八九会回答笔者："好肉不上皮呀。"

何为"好肉不上皮"？许多初学和田玉收藏的朋友，都是直接按照字面意思，想当然的去理解的。"好肉"，就是指玉料的结构细腻，质地紧密。"上皮"，就是指玉料在自然环境中受到周围致色元素的侵染，在其表面生成天然的颜色，此处的"皮"，特指"皮色"。这两点理解都是正确的。问题是中间那个字——"不"！

许多朋友都错误地将这个"不"字，理解为"不能、不会"。那么，全话的意思就是："和田籽玉只要结构细腻，质地致密，就不能天然沁出皮色来。"换句话说，就是玉料只要质地紧密，就不会有皮色。而且从常理上来分析，只要和田籽玉结构细腻，其周围环境中的致色元素便无法侵染，无法沁色。因此"好肉不上皮"，乍一听，似乎是有点事实依据的。于是更有不明深浅的初学藏友，又在原话后面加了半句，成了"好肉不上皮，上皮无好肉"。意思是：只要是质地好的和田籽玉，就不会沁上天然的皮色，一旦沁上了天然的皮色，自然便说明了该和田籽玉的结构疏松。这显然是谬误的。

错误在哪里？错在对"不"字的理解！此处的"不"，意思并非"不能，不是"；正确的理解，应该是"不易，不易于，不便于"。"好肉不上皮"的正确理解，应该是说玉料若结构细腻，质地紧密，便不容易受自然环境中致色元素的侵染，不易受沁上色。怎么会造成这样的情况的呢？在自然界中，质地上乘的和田籽玉，由于其结构致密的原因，致使引起和田籽玉的玉料上色的致色元素(例如三价铁离子等)，几乎无法侵入玉质内部。即便是亿万年的沁蚀，这些致色元素，也只能在玉质表面沁出非常浅的一些皮色。此时，和田籽玉表面的玉质没有受到任何天然皮色的掩盖，油份（脂份）和糯性，都是显而易见的。

也恰恰是因为质地上佳的和田籽玉结构致密，不易上色，才更加导致了"物以稀为贵"！正因为如此，在和田玉收藏市场上，质地上乘、皮色美艳的和田籽玉，一旦面世，便价格不菲，并且后期升值潜力也远高于同类的无天然皮色的和田籽玉原料。

行文至此，相信读者们有一点应该早已了然于胸了——"上皮无好肉"，更加是无稽之谈了。

正所谓"千种玛瑙万种玉"，天然的新疆和田籽玉的皮色，每一块都是独一无二、不可复制的。自然界中，无法找到任何两块新疆和田籽玉，其天然的皮色会是一样的。因此对于新疆和田籽玉的皮色分类，若要细化，难度极大，是基本不现实的。

本书为了便于读者们理解和分析，笔者按照三种不同的观察着眼点，将新疆和田籽玉的皮色做大致的分类，方便读者们去理解和记忆，具体如下：

新疆和田籽玉的皮色分类方式：

🌹 按照和田籽玉皮色的颜色大类分类

- ● 红色系皮色
- ● 黄色皮皮色
- ● 黑色系皮色
- ● 褐色系皮色

按照和田籽玉皮色的主要色调大类来分类详解，笔者主要讲和田籽玉的皮色分为红色系皮色、黄色系皮色、黑色系皮色与褐色系皮色。在前文的章节中，已经有详细的介绍，此处不再赘述。

🌹 按照皮色沁入玉料表面的深浅情况分类

- ● 浅皮色
- ● 深皮色
- ● 沁皮色

依据天然皮色沁入和田籽玉表面的深浅情况，笔者将新疆和田籽玉的皮色分为浅皮色、深皮色与沁皮色三大类。

为何笔者要从天然颜色沁入深浅情况，来分析和田籽玉的皮色呢？原因有三：

其一，和田籽玉天然皮色的深浅情况，直接影响到和田籽玉的市场价值。举例来说，同样是和田籽玉的枣红皮，一种情况是皮色沁入厚度很薄，只有几丝的厚度，完全在玉料的表面；另一种情况则是皮色沁入相对较深，最深处有数毫米的厚度；还有一种情况则是颜色已经深深地沁入玉料的肌理，深达数厘米甚至玉料已经完全为天然颜色所沁透，这三种情况下的枣红皮，对于玉料的市场价格影响是非常大的。通常来说，若玉料质地的各项指标基本类似的话，前者的市场价值最高，次者相对要低些，最后一种情况的市场价值则是最低的。

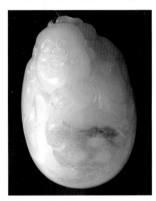

图6-12　新疆和田籽玉，独籽雕天然黄皮弥勒把件

其二，和田籽玉皮色的深浅情况不同，佩戴者盘玩、摩挲的方法也不同。笔者收藏和田籽玉这么多年，对于和田籽玉的赏心悦目的天然皮色，一直十分痴迷，也亲自佩戴、把玩过为数不少的和田籽玉皮色料。可以说，"千种玛瑙万种玉"，要想让每一块带有天然皮色的和田籽玉在最短的盘玩时间内，散发出玉材迷人的魅力，就需要佩戴者针对不同皮色的深浅情况作出明确判断。当然，盘玩不同天然皮色的玉件，其方法也是不尽相同的。

其三，和田籽玉皮色的深浅情况不同，经过佩戴者长时间把玩后，天然皮色所产生的变化也不尽相同。和田籽玉的天然皮色各有各的美，各有各的生成情况，自然通过人工后天把玩、盘摸后，其变化也是大相径庭的。浅皮色有浅皮色油润的美，深皮色有深皮色艳丽的美，沁皮色有沁皮色纯透的美。"石不能言最可人"，爱好者们在收藏和把玩不同皮色的和田籽玉中，自然不难发现这些耐人寻味之处，细细品味，恰如人性。相信这也是新疆和田籽玉在中华大地上，能够传承数千年的根本原因所在。

浅皮色

何为"浅皮色"？顾名思义，这些天然皮色在和田籽玉的表面着色非常之浅，透过皮色，观察者能够清晰地感受到和田籽玉的玉质，此类皮色，笔者将之定名为新疆和田籽玉的"浅皮色"。

有些浅皮色，因为致色元素沁入极为稀少，导致皮色看上去非常淡，甚至若隐若现，似有还无，此类和田籽玉的玉料，笔者个人认为即便是天然皮色，也不太会增加其经济附加值，

图6-13　新疆和田籽玉，枣红色的天然洒红皮

223

图6-14　新疆和田籽玉，橘黄皮，黄中泛红，皮色深浅分布过渡十分匀称均一

甚至藏友们可以将之当成光白的和田籽玉去对待。上等的和田籽玉的浅皮色，虽然皮色附着完全浮游于玉料的浅表，但是颜色依然有一定的浓度，是非常之醒目的。

通过前文"好肉不上皮"的概念讲解，相信读者们不难理解：带有浅皮色的和田籽玉，通常多见质地上佳的情况，色泽靓丽，油脂感十足。而且通常情况下，上好的和田籽玉的浅皮色，以黄色系最为常见，例如业内人士耳熟能详的洒金黄皮，秋梨黄皮等等。娇美动人的皮色附着在质地上佳的和田籽玉表面，实在令人爱不释手。

细心的读者不禁要有疑问了。为何笔者要说"上好的和田籽玉的浅皮色，以黄色系最为常见"呢？红色系的浅皮色在上好的和田籽玉表面有没有呢？答案是肯定的——有！但是，以

图6-15　新疆和田籽玉玩料，皮色为薄薄的天然虎皮黄

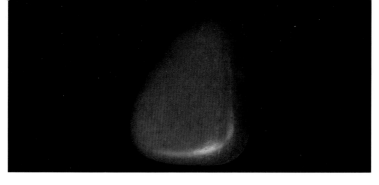

图6-16　顶级新疆和田籽玉，罕见的浅枣红皮金包银玩料

笔者这么多年的从业经验来看，在现实的和田籽玉收藏市场中，带有红色系的浅皮色的和田籽玉即便存在，其皮色也是以红色稀疏排列的撒红皮居多。真正红色成片存在于整块上的浅皮色红皮和田籽玉，非常之稀少。甚至早年笔者没有碰到过实物时，曾经都质疑过自然界中，是否真的存在带有整片浅皮色红皮的和田籽玉。由此读者们也可见其稀有程度。

那么，到底是什么原因引起的这种现象呢？下面笔者分析了一些客观原因，因为没有做过理化分析和试验，仅是个人的分析观点，供读者们参考。

请读者们试想一下，前文已有相关交代：新疆和田籽玉中，但凡是质地上佳的玉料，通常都是结构细密，十分不容易受沁上色。而皮色的沁入，是有一个由表及里，由浅入深的漫长过程。那些浅浅的黄色系的皮色，都是偶然中的偶然，才能在天造地设之中形成！而红色系的皮色，依笔者的经验来看，绝大多数情况，都是由于致色元素沁入的浓度足够高，由于颜色太浓，进而由黄色向红色过渡而造成的。因此，红色系的皮色要形成，通常需要致色元素在和田籽玉的表面形成了黄色以后，继续不停地沁入。这在结构紧密的和田籽玉的体表，是非常难以办到的。

事实上，玉料若表面形成整片的红皮色，通常都是在和田

图6-17　新疆和田籽玉，薄薄的天然枣红皮，十分罕见

籽玉的结构阴阳面中，结构相对较为疏松的阴面部位。而一旦结构相对欠缺，使致色元素有机会可以达到沁入的浓度足够高的客观情况，这些皮色的沁入深度又大大增加了。换句话说，皮色沁入深度一旦增加，那即便是红色系的皮色，也不属于浅皮色的范畴，那已经是深皮色的范畴了。

因此，新疆和田籽玉带有红色系的浅皮色，尤其是整片的浅皮色红皮，此类情况可以说非常稀有，非常难得。客观地说，依笔者十多年从业经验来看，真正带有成片的浅皮色红皮的和田籽玉，极为稀少。同时，在正常情况下，这浅皮色的红皮，只能是一块，而且是一小块！

另外，新疆和田籽玉的浅皮色玉料中，有两类极品，两种被纯天然的满皮色包裹着的、料形完美的和田籽玉"玩料"。一种是被满黄皮包裹的和田籽玉玩料，另一种则是被满红皮包裹着的和田籽玉玩料。由于玉料表面的皮色是以红色或者黄色为主，同时，皮色内部的玉质以白玉为主，外黄（或红）内白，和田玉收藏业内，将之俗称"金包银"。这也是新疆和田籽玉中，最登峰造极的顶级收藏品。

读者们知道，料形完美的和田籽玉"玩料"，已经十分稀有难得，不论是收藏价值还是经济价值，都令人咋舌。若"玩料"再加上这纯天然满皮色的包裹，可以说，大自然鬼斧神工造就这令人叹为观止的神物，已不是用言语所能表达的了。

那么为何笔者会说：天然黄皮与天然红皮包裹着的，新疆和田籽玉"玩料"，是"新疆和田玉中最登峰造极的顶级收藏品"呢？

首先，看玉料皮色成色的内因。前文已经有介绍了，新疆和田籽玉的结构致密，要在其表面自然形成天然受沁的皮色，是非常难得的。而若要在其表面形成相对均匀分布的满皮色，那要求整块玉料的结构致密的同时，纯度还需要非常高。玉料纯度高，结构的阴阳面不明显，整体玉料的结构均匀度相对较好，才有可能在后天自然环境中形成相对均匀的满包裹天然皮色。

图6-18　新疆和田籽玉，平安无事牌，背面天然撒红皮

其次，再看玉料皮色成色的外因。和田籽玉所处的自然环境，不仅是要含有能使玉料受沁上色的致色元素，还需要有合适的客观环境条件，温度、湿度、水流冲击破坏度等等。而且

这些客观环境需要相对稳定，改变差异不大，才能令一块上好的和田籽玉带上美艳的天然皮色。但是亿万年来，玉龙喀什河每年一度，仅仅维持三四个月，却流量惊人的雨季的洪流，存在着太多的不确定因素。这些每年都不尽相同、甚至屡次改道的洪水，使和田籽玉生成皮色的客观环境不断在改变。一切的不确定因素，都在影响着自然环境中的致色元素，附着在和田籽玉的表面。因此，形成一块上好的浓度足够的浅皮色和田籽玉，是一个不太容易想象的极小概率事件。

最后，再来分析一下，要使和田籽玉的表面形成满皮色的后天自然环境。除了满足前文所述的客观条件之外，还需要玉料周围的致色元素是完全包裹着玉料的，并且致色元素的浓淡深浅都是相对均一，能够使受沁上色的玉料表面的每一处，都生成天然的浓度足够的皮色。同时，这个环境还不能因水流情况的改变、地质情况的改变而改变……一句话，这样的主客观情况，这样的概率，实在太微乎其微了。

所以说，此类极品的"金包银玩料"，是"新疆和田玉中最登峰造极的顶级收藏品"。

当然，前文笔者已经解释过了，和田籽玉的浅皮色中，成片的红色皮比黄色皮更为难得。自然，在和田籽玉的表面，要生成整张满皮色全包裹的浅皮色红皮，此种小概率事件有多么的难得，相信读者们自然也就了然于胸。因此，新疆和田籽玉中带有浅皮色红皮的"金包银"极品玩料，就更加是极品中的极品，可遇而不可求的了。依笔者的经验来看，带有浅皮色红皮的"金包银"和田籽玉的玩料，遇上此类玉料的几率，比遇上和田"羊脂白玉"籽料与和田原生"熟栗黄玉"籽料的概率还要低得多。

　　那么，和田籽玉的浅皮色中，除了黄色系皮色、红色系皮色外，黑色系皮色与褐色系皮色，又是怎样的情况呢？以笔者的经验来看，黑色系的皮色，通常绝少有浅皮色的情况。因为黑色系的皮色，要求致色元素沁入玉料的深入够深，浓度够浓，才能显出纯正的黑色。事实上，黑色系的皮色，一旦皮色附着的深度过浅，时常便会显露出向红褐色或者向棕黄色过渡的趋势，黑色的浓度不够，咋一看上去，便让人错误的以为是褐色皮了。那么是否褐色皮在和田籽玉的浅皮色中，也比较常见呢？坦白说，现实情况是，浅皮色褐皮的和田籽玉，笔者十多年来，接触到过，但是论遇见的次数，却也寥寥无几。至于为何会造成这样的情况，笔者没有深入研究过。前章已经有所介绍，总体来讲黑色系皮色与褐色系皮色由于先天美感不足，喜欢的朋友少，本不属于高档皮色的范畴。因此，笔者个人建议读者们，尤其是初学和田籽玉收藏的朋友，无需在这些无关紧要的知识点上，花太多时间和功夫。当然，"首德次符"嘛，现今的市场行情来看，只要是质地上好的和田籽料，但凡是带上皮色，就算是黑皮，其市场价格相对都会提升不少。

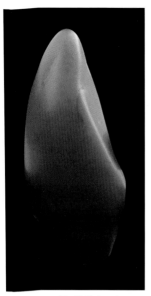

图16-19　顶级新疆和田籽玉，结构细腻、玉色白皙，满洒金皮玩料，业内俗称"金包银"。玩料中的极品

🌸 深皮色

何为"深皮色"？顾名思义，这些天然皮色在和田籽玉的表面，着色有一定的深度，某些情况下，透过玉料表面的皮色，观察者甚至已经无法清晰地判断皮色下面的玉质情况了。此类皮色，笔者将之定名为新疆和田籽玉的"深皮色"。

相对新疆和田籽玉的浅皮色而言，和田籽玉的深皮色，致色元素沁入的深度就要深不少了，皮色厚度深达数毫米的情况是司空见惯的。有些和田籽玉表面的深皮色沁入还会更加深。在介绍浅皮色的时候，笔者已经详细分析了和田籽玉表面受沁上色的程度，与玉料结构之间的关系。因此，通常情况下来说，形成深皮色的和田籽玉原料，相对而言，玉材的整体结构致密度，要略逊于浅皮色的和田原籽。或者说，最起码，深皮色和田籽玉表面，受沁上色部分的玉质结构，相对浅皮色和田籽玉要略欠。也正因为这玉料结构上细微的差异、略微的欠缺，致

图6-20　新疆和田独籽，多子多孙挂件，典型的深皮色，经过盘玩后变化喜人

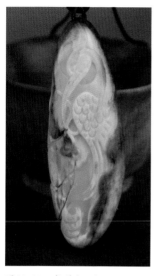

色元素才能相对比较深地沁入玉料的肌理。

那是不是说，深皮色的和田籽玉就没有上好的质地呢？当然不是！请读者们注意，笔者在本书中，只是说玉材的"整体结构致密度相对略逊"。首先，笔者所谓的"略逊"，是特指"带有天然深皮色的和田籽玉"，相对"带有天然浅皮色的和田籽玉"的玉质结构而言的。但是若从整体的全面的和田玉收藏市场上来看，通常此类玉材的结构，在所有软玉的玉材之中，都属于上佳之选。事实上，新疆和田玉是非常坦

图16-21　新疆和田籽玉，一路如意挂件，天然黄皮入肉三分，经过数年盘玩，变化喜人

诚、非常直白的大地之英，不亢不卑，没有丝毫的矫揉造作。当两件和田玉放在一起比较之时，所有的评判玉材优劣高低的参数，都跃然眼前、不言自明。正所谓"锐廉而不忮，洁之方也"，无怪乎古之君子要"以玉比德"了。

所谓的"整体"，所谓整体结构致密度，是指一块玉料的结构的整体情况，而不是只关注玉料的某个面的结构情况。有许多深皮色的和田籽玉，仅仅是部分玉料

图16-22　新疆和田籽玉，枣红深皮色。色泽深沉浑厚，十分养眼-子承大业

表面受沁上色的部位，相对结构不是很致密，而玉料的其他部位，结构致密度依然是无可挑剔的。也正因为这样，自然环境中的致色元素，才有比较多的可能，可以在和田籽玉的表面，自然生成一片片、一块块，甚至是一整张的大红皮。和田籽玉表面受沁上色的部位，皮色亮丽浓艳；没有受沁上色的部位，结构细腻，质地精纯，美不胜收，非常养眼。

当然，从整体上来综合分析，和田籽玉的深皮色，因为浓度足够，通常视觉冲击力都会比较强，会比和田籽玉的浅皮色更夺人眼球，更沁人心魄。而且由于玉料表面受沁上色的部位深度足够，因此天然皮色的颜色纯度也较和田籽玉的浅皮色要高。故而和田籽玉的天然深皮色中，出现整片的天然黄皮、天然橘红皮乃至天然大红皮的概率，要远高于和田籽玉的天然浅皮色。

但是，就笔者个人的喜好而言，还是比较喜欢浅皮色的和田籽玉。因为和田籽玉的浅皮色，除了相对感觉更清淡高雅，悠然脱俗之外，玉质的结构纯度毕竟要略胜一筹。有道是和田玉收藏，"首德而次符"嘛。

❀ 沁皮色

何为"沁皮色"？新疆和田籽玉的沁皮色，则与前文介绍的浅皮色和深皮色，有点大相径庭了。事实上，前文介绍的两种和田籽玉的天然皮色，不管是浅皮色还是深皮色，玉料的受沁上色部位，颜色都只是薄薄的一层，继续往下，及至玉料内部，致色元素是达到不了的，受沁的颜色也是没有的。而"沁皮色"，却是深入玉料肌理，通常致色元素会直透玉质。有些情况下，甚至致色元素可以将整块的和田籽玉的玉料全部沁透，从而失却了玉料本来的固有的颜色。此类皮色，笔者将之定名为新疆和田籽玉的"沁皮色"。而且通常新疆和田籽玉的沁皮色，都是以黄皮色较为多见，偶尔也见有红皮色。

相对于"带有天然浅皮色的和田籽玉"与"带有天然深皮色的和田籽玉"而言，"带有天然沁皮色的和田籽玉"的玉料结构致密度，则相对欠缺。原因很好理解，正是由于玉料的结构不是那么的紧密细致，才导致自然环境中的致色元素，能够在亿万年的玉龙喀什河的河床中，有机会得以深深地沁入和田籽玉的内部，甚至使玉料完全受沁，而"天然染色"成不同于玉料最初的本来颜色。而且通常情况下，因为天然沁皮色的和

图6-23　新疆和田籽玉，天然黄沁皮龙龟

233

图6-24　新疆和田籽玉，喜报三元挂件（世世英武），天然沁皮色

田籽玉，其玉料结构相对欠缺，进而导致玉料的油份、糯性也相对不是非常好。有部分沁皮色的和田籽玉，甚至在玉料内部结构疏松、纯度大打折扣的同时，连硬度也有所下降，出现略微吃刀的情况。

　　那是不是说带有沁皮色的和田籽玉，都是质地欠缺，不值得称道和收藏呢？当然不是，天然沁皮色的和田籽玉，有部分玉料固然存在质地欠缺的情况，但是依然存在一部分沁皮色的和田籽玉，结构细腻，油份上佳，经过人工的盘玩和摩挲后，质感纯糯，品相一流。

　　以玉料的材质情况为依据，笔者又将和田籽玉的沁皮色，细分为两类来分析——"肉沁沁皮色"和"僵沁沁皮色"。

❤ 肉沁沁皮色

　　何为"肉沁沁皮色"？主要是针对和田籽玉的材料情况来说的。是指带有天然沁皮色的和田籽玉，玉质通透，玉感明显。

也就是业内人士时常说的玉材的"肉很好"。换句话说，就是导致和田籽玉着色的自然界中的致色元素，沁在了玉上，沁在了"好肉"上。

当然，从和田籽玉天然皮色的成因上来分析，能形成沁皮色的玉料，在通常情况下，结构相对都是比较疏松的（有个别例外情况，小概率事件本书不作讨论）。否则，致色元素深深沁入玉材内部，无法入肉三分。但是，毕竟"肉沁沁皮色"的和田籽玉，玉质相对还是比较温润纯透的，故而反倒起到了意想不到的效果。笔者就遇上过不少质地不错的肉沁沁皮色的和田籽玉，整块玉料颜色通透，糯性和浑厚感也非常强，玉料的质感也相当不错。整体效果甚至堪比原生成矿的熟栗黄和田籽玉了。

在现今的新疆和田籽玉收藏市场上，天然的皮色已经是一个耳熟能详的话题。甚至有些老玩家认为，收藏的和田籽玉的

藏品，若不涉及和田籽玉的天然皮色，永远也称不上"资深"二字。因此，新疆和田籽玉的天然皮色受热捧程度，可见一斑。在遵循"首德而次符"的软玉鉴赏与收藏原则之下，此类

图6-25 蝉，天然沁皮色新疆和田黄玉籽料，上海玉雕工艺。典型的"肉沁沁皮色"，结构细腻，质地纯透，颜色熟栗黄，堪比原生和田黄玉籽料，价值不菲

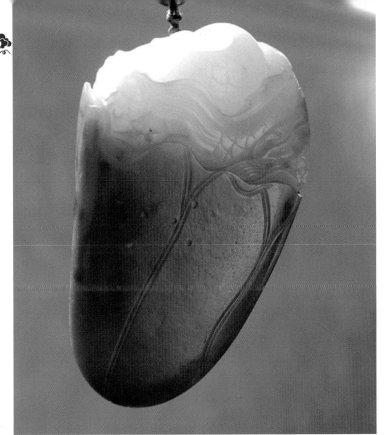

图6-26　新疆和田籽玉，连年有余手把件，橘黄色天然沁皮

以玉质见长，又带有天然的沁皮色新疆和田籽玉，其市场价值是相当不菲的。

　　当然，前文已经介绍了，沁色皮和田籽玉的玉质，通常相对略欠。同时，此类和田籽玉的内部，还时常伴随着有许多杂质，例如僵点、石墨黑斑，甚至是大块的石僵斑等等。因此，真正料性很纯、杂质相对较少的沁皮色和田籽玉，在和田玉市场上是相对比较少见的，非常难找。笔者从业这么多年，遇上此类和田籽玉的情况，也是寥寥无几。

僵沁沁皮色

何为"僵沁沁皮色"？"僵沁"是与"肉沁"完全相对的一个概念。当然也是针对和田籽玉的材料情况来说的，是指带有天然沁皮色的和田籽玉，玉质生硬，玉材色泽僵白。观察者用辅助光源观察时，常可见玉料透光性欠缺，甚至透光感极差。也就是业内人士时常说的玉材"僵性重"，也有业内人士戏称

图6-27　新疆和田籽玉，天然红沁皮玩料，典型的"肉沁沁皮色"

此类情况为"玉料没发育好"。换句话说，就是导致和田籽玉着色的自然界中的致色元素，沁在了玉僵甚至石僵上，沁在了"僵肉"上。

石僵类的和田籽玉，老玩家们时常形容其为"石性过重"。因此顾名思义，通常来说，玉材质感显僵性的和田籽玉，其结构致密度，显然要比玉材质感显玉性的和田籽玉差。那么自然，僵性的和田籽玉在自然界中，受致色元素的侵染而受沁上色，也要比玉性的和田籽玉容易很多。因此，和田籽玉中僵沁类的沁皮色，通常比较多见，其颜色也相对比较深比较重，很多情

况下，手电光源辅助观察下，也不容易透光。说简单点，就是一句话，致色元素把玉僵给沁透了。

早些年，笔者对此类质地显僵的和田籽玉的沁皮色，是不太认同的。理由很简单——和田玉收藏"首德而次符"嘛。玉材若质地欠缺，油份也欠缺，糯性也更加无从谈起，实在没有太多收藏价值。即便盘玩起来，玉料在质地上，润泽感上也没有太多变化，味同嚼蜡，实在无味。因此此类和田籽玉虽然带有天然的皮色，但是市场价格并不高，也不太受广大藏友们的追逐。

但是中国有句俗话，"百货迎百客"，不同的货，总是能满足不同的顾客的需求。有道是"青菜萝卜，各有所好"，笔者有一回遇上个学生，其人个性独特，对于和田玉的鉴赏、收藏口味也与众不同。这个学生就非常热衷于另类和田籽玉的收藏。此种瓷白僵重的和田籽玉的玉料，恰恰是他本人非常钟爱的玉材。在他眼中，这所谓的僵白色是"色泽凝白犹如象牙，白度皎洁宛若明月"，尤其是乍一看，玉件非常类似老玉中的"鸡骨白沁色"。

恰恰是因为这个学生的这份执着，笔者才有机会真正感受到，这僵白色的带有僵性的和田籽玉，依然能玩出其和田籽玉所独有的内在与变化。记得当时，这学生收了个僵性很重的和田籽玉雕件，简简单单的线条处理，雕了个"鱼化龙"的题材。整件东西从表及里，已经被致色元素完全沁透而显现出黄色。越靠近雕件表面，黄色越深。玉件内芯处，依然能够明眼的感觉到瓷白色的僵性质地。而且用手电光源观察玉雕件的时候，能够明显感觉到，因为玉料僵性比较重而导致的玉件透光度大打折扣。

图6-28　新疆和田独籽，莲子挂件，天然黄僵沁皮

就这样一件其貌不扬的"僵沁沁皮色"的和田籽玉玉雕件，在这学生手中盘玩了将近两年。他每日都不离不弃、不厌其烦，不停地把玩摩挲。当两年后笔者无意中重新看见此物的时候，居然发现整件玉雕作品完全脱胎换骨。玉件质感中的僵性已经所剩无几，取而代之的是非常明显的玉质感。而且虽然玉料的油份不是特别充足，但是已经能够明显地感觉出整件玉料的油糯感。笔者被深深地震撼了，这样一件不值一提的玉材，几乎在笔者心中已经是无药可救的了，居然能够在七百多个日日夜夜与人气的接触和恢复中，绽放出如此惊人的变化。当然，笔者也非常佩服这个学生的毅力和勇气，在其藏品众多的情况下，能够如此坚持不懈地专注于一件玉器的盘玩，诚所谓"不折不挠，勇之方也"，相信也是这件玉器与主人的缘分吧。

因此，从客观上来讲，虽然带有"僵沁沁皮色"的和田籽玉，市场经济价值明显低于带有"肉沁沁皮色"的和田籽玉，但是，作为和田籽玉中的一个桀骜不驯的另类，其依然存在自身所特有的玄妙之处，值得收藏爱好者们慢慢去回味和品鉴。当然，笔者个人以为，此类玉料"小酌"即可，千万莫要"痛饮"。毕竟，和田玉收藏，"首德而次符"嘛。

🌸 按照"首德次符"的鉴赏原则分类

● 好皮好肉

● 差皮好肉

● 好皮差肉

● 差皮差肉

依据新疆和田籽玉的"天然皮色情况"与"玉料质地情况"的不同组合，笔者将新疆和田籽玉分为好皮好肉，差皮好肉，好皮差肉与差皮差肉四大类。这里先解释一下，本文中所说的"肉"，就是指玉料的质地；而本文中所说的"皮"，则是指玉料的天然皮色。

事实上，笔者建议读者们在鉴赏与收藏和田籽玉，赏析和田籽玉的天然皮色之时，应该在以"按照皮色的色调大类分类"的前提之下，再结合皮色"按照皮色沁入玉料表面的深浅情况分类"与"按照'首德次符'的鉴赏原则分类"这两个皮色的分类原则，综合来分析。只有这样，对于带有天然皮色的和田籽玉的收藏价值的把握，才能准确无误；也只有这样，对于带有天然皮色的和田籽玉的市场价格的把握，才能精确到位。

🌸 好皮好肉

何为"好皮好肉"？顾名思义，好皮好肉，就是说和田籽玉皮色天然美丽，质地细腻油润，皮好，肉也好。"好皮好肉"

的新疆和田籽玉，在同类玉料中，是收藏价值最高，经济价值也最高的玉材。

依据"首德而次符"的原则，"好皮好肉"的和田籽玉，玉质上佳，就是说"德"已经具备了。事实上，现在的和田籽玉收藏市场上，即便是玉料不带有天然皮色，但是如果质地上佳，玉材的价值自然不菲。更何况，在玉质上乘的和田籽玉表面，还带有一块美丽的天然皮色，其收藏价值与市场价值，当然也就不可估量。

自然，"好皮好肉"的上等和田籽玉，有浅皮色、深皮色与沁皮色之分。而且三者之间，也有收藏价值与市场价格上的差异。但是现实生活中，许多和田籽玉收藏的爱好者，尤其对

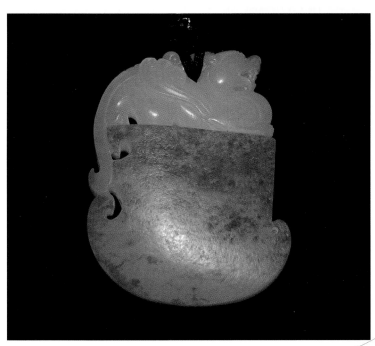

图6-29　新疆和田籽玉，府上有兽（貔貅），质地老结，天然秋梨黄皮色

241

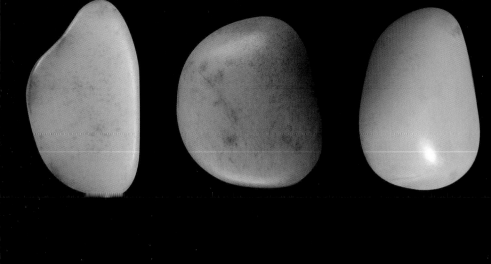

图6-30　新疆和田籽玉，金包银玩料挂件

　　于色调一致的，带有浅皮色的和田籽玉与带有深皮色的和田籽玉，两者之间的收藏价值差异与市场价格差异，是混淆不清的。现在的许多和田玉爱好者，在收藏和鉴赏带天然皮色的和田籽玉时，看到玉料的质地上佳，又带有天然的皮色，自然能直观了解到玉料价值不菲。但是同样都是上好的玉料，两者之间应该孰重孰轻，便有点茫然，无从分析了。

　　其实要分析并不难，大体上来讲，皮色的浓艳度若大体相类似的话，毫无疑问，肯定是带有浅皮色的和田籽玉最佳，深皮色和田籽玉次之，沁皮色末尾。沁皮色，因为质地明显比前两者要欠缺一些，因此比较容易鉴赏和分析。那么读者们只需分析一下皮色的深浅程度了。举例来说，两块和田籽玉，玉质结构、颜色都非常接近，同时都带有枣红色的天然皮色，那么自然是皮色沁入深度浅的那块收藏价值更高些。理由很简单，"首德而次符"、"物以稀为贵"嘛。

归纳起来，在鉴赏与收藏"好皮好肉"的和田籽玉时，笔者建议广大和田玉收藏爱好者可以分三步来分析。

第一步，忽略玉料所带有的天然皮色，将其看作是一件不带天然皮色的玉件来对待，按照本书前章所介绍的办法，来详细分析玉料的结构、油份、糯性、纯度，以及玉件的颜色、工艺（或料形）。对玉件的大致收藏价值有个初步的把握。

第二步，仔细分析皮色属于哪个色系？属于何种深浅类型？对和田籽玉的皮色的明确分析，合理把握。

第三步，玉件的质地了解之后，皮色也了解了之后，便可以将天然皮色对于工料的附加值，进行两者的叠加分析。最终得出玉料的真正收藏价值与市场价格。

行文至此，笔者要提醒读者们一点，是关于和田籽玉"玩料"的。按照笔者介绍的各种分析方法，来鉴赏和田籽玉之时，读者们不难发现：即便玉料造型完美的"玩料"，也有优劣高下

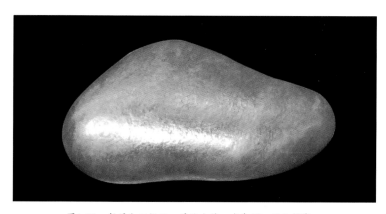

图6-31　新疆和田籽玉，质地上佳，皮色深，显红褐色，盘玩后皮色通常会往红色过渡

之分。事实上，和田籽玉的"玩料"也分三六九等。有一点毫无疑问，真正最顶级的和田籽玉的"玩料"，一定只出现在"好皮好肉"的皮色情况中间。

当然，若深究下去，还可以分析和田籽玉的块度大小与天然皮色的面积大小，这些也都是会影响玉料的收藏价值的，有兴趣的读者，可以综合本书的鉴赏方法与笔者前一本书（《昆仑寻梦—精品白玉鉴赏与投资》）所提及的分析方法，自行去判断玉料的相关信息，相信不难得出想要的结果。本章节主要是分析和田籽玉的天然皮色情况，不再赘述了。

🌸 差皮好肉

何为"差皮好肉"？顾名思义，差皮好肉，就是说和田籽玉虽然质地细腻油润——"肉好"；同时皮色也是天然的，但是美感欠缺，乏善可陈，不值一提——"皮差"。"差皮好肉"的新疆和田籽玉，同类玉料中，收藏价值也非常不菲，在和田玉收藏市场上的经济价值也不低。究其原因很简单，"首德而次符"，因为质地上佳，作为上等和田玉材的"德"已经具备了，自然也就值得人们称道与收藏了。

一直以来，笔者都强调上品的和田籽玉，首先要玉质精纯温润，玉质上佳，然后再去关注料形、玉色、雕工、皮色等指标。古人云："皮之不存，毛将焉附？"如果玉质不过关，还极力吹嘘所谓的美皮、白度、名家工艺等元素，都是没有实际意义的。

那么"差皮好肉"的和田籽玉，是否需要像"好皮好肉"一样，去详细解析呢？笔者认为大可不必。请读者们想想，和田籽玉表面虽然带有天然的皮色，但是这些皮色容颜丑陋，那么自然

图6-32 新疆和田籽玉，质地上佳，皮色天然，可惜皮下僵性较重。此类皮色无法极大提高藏品的价值

对玉料的收藏价值的提升，起不到太大作用。在笔者眼中，有些过于低劣的天然皮色，甚至会反过来负面影响玉料的收藏价值。因此，此类皮色除了因为带有"砂眼麻皮坑"的籽料特征，而能够成为和田籽玉的身份证之外，别无它用。

在这里，笔者要提醒广大和田籽玉收藏者：绝对不是只要和田籽玉带有天然的皮色，便一定会使玉料增值的！现在和田籽玉收藏市场上，许多初学者不明就里，看见带真皮色，就立马认为价值不菲，这是个非常严重的误区。

笔者个人非常喜欢收藏带有美丽天然皮色的和田籽玉，而且这么多年，对于和田籽玉的皮色分析与收藏花了极大的精力。可以说，对和田籽玉的皮色越研究，越深入，个人便越痴迷皮色。但是，笔者反对和田籽玉一旦涉及到皮色，便"一人得道、鸡犬升天"的做法，十分不赞成"和田籽玉带皮便增值"的观点。同时也建议广大和田玉爱好者们在收藏和田玉时，要冷静、要理性，千万莫要随波逐流。尤其现在和田玉市场上有些商家，刻意地别有用心地抬高和田籽玉的天然皮色的地位，然后甚至牵强附会的将很多不能称之为"皮色"的情况，也归结到皮色里面，从而歪曲事实，虚假地哄抬和田籽玉的价格。这些，都是广大和田玉爱好者们需要冷静面对的。

　　笔者在国内某大城市的某知名商场内，就见到过上述情况。在该商场的展示大厅内，有一长排的玻璃展示柜，柜中陈列着各种各样的软玉玉料，其中有几个柜子，就是展示相关皮色类的和田籽玉的。一块块带有各种不同皮色的和田籽玉前面，都用小标签标注着皮色的名称与类型。其中有一小块和田籽玉，

图6-33　新疆和田籽玉，质地细腻白润，皮色含僵较重

玉料上带着一块石僵。僵性非常之重，乍一眼看上去，基本与石头无异。然后这块光光的石僵上，有几道黑色的裂纹，看上去，勉强有点像个碎了的鸡蛋壳。于是乎，商家就将这块石僵归类到和田籽玉的皮色中，并且取了个很形象的名字，美其名曰—"蛋壳皮"！

　　这种事情，实在是让人啼笑皆非的。皮色就是皮色，石僵就是石僵，岂能因为石僵取了个皮色的名字，便指鹿为马、颠倒黑白？又岂能因为人为地给石僵界定一个错误的概念，便使低劣的石僵成为了和田籽玉皮色家族的一员？用这样的方法，来恶意哄抬和田籽玉的市场价

格，实在令人无奈。读者们需冷静分析，千万莫要盲从，否则吃亏的一定是自己。

总的来说，"差皮好肉"的新疆和田籽玉，虽然玉料表面带有天然的皮色，但是由于其所带有的天然皮色因为各种客观原因而缺乏美感，有些甚至直接影响原生玉料的美观。因此，此类玉料的天然皮色，不能为原料本身增加任何收藏和投资的附加值。极少数个别情况，皮色外观丑陋难堪的，甚至反而会使玉料的收藏与投资价值有所减低。面对目前和田玉收藏市场上假货横行的现状，"差皮好肉"类和田籽玉的天然皮色唯一能起到的作用，就是证明玉料属于新疆和田籽玉的客观佐证，除此无他。

因此，笔者个人认为，广大和田玉爱好者们，在鉴赏与收藏"差皮好肉"类新疆和田籽玉时，应该将此类玉料当成"不带天然皮色的原生光白和田籽玉"来看待。毕竟，和田玉的收藏"首德而次符"，重质大于重皮色嘛。也只有采用这样的鉴赏方法，既理性而不必多花无谓的冤枉钱，又能够更好地加强对玉料质地的把握，提升个人和田籽玉收藏的整体品位。

依笔者从业这么多年的经验来看，"差皮好肉"类和田籽玉的收藏价值与经济价值，是仅次于"好皮好肉"类和田籽玉的。

❀ 好皮差肉

何为"好皮差肉"？顾名思义，好皮差肉，就是说和田籽玉的天然皮色美艳自然、色泽光鲜——"皮好"；但是玉料的质地却相对不足，结构欠缺，油糯感差，甚至玉质含僵——"肉差"。简单地说，就是一张上等的天然皮色，"长"在了质地欠缺的和田籽玉表面，"长"错了地方。

早些年，"好皮差肉"类的新疆和田籽玉，在同类和田玉料中，属于价格低廉的低端产品，遇上收料多的买家，甚至是半卖半送的。不少多年专注于和田籽玉收藏的老玩家，对于"好皮差肉"类新疆和田籽玉是不屑一顾的。原因很简单——"首德而次符"嘛，只有一张皮色美貌，玉材的质地欠缺，玉件盘玩效果差，油脂感弱，实在难以让人生欢喜心。

坦白说，早年笔者片面地认为：这类和田籽玉，纯粹把玩一个皮色，仅仅是玩玉料的皮子。从收藏的角度来分析，价值自然欠缺；从鉴赏的角度来分析，也少了许多关注点，一旦研究其质地，便味同嚼蜡，实在少了很多乐趣。因此一直以来，"好皮差肉"类的新疆和田籽玉，一直不为收藏爱好者所看好。资深和田玉爱好者中，只有少数偏爱和田籽玉皮色收藏，同时又不太计较玉料质地的非主流观点的玩家，才会对其趋之若鹜。

但是前文笔者介绍了和田籽玉的"僵沁料"，许多僵沁料便属于"好皮差肉"类和田籽玉。拥有者若有耐心盘玩，假以时日，依然有让人欣喜的质感上的变化。再加上自2005年左右开始随着新疆和田玉从单一的

图6-34 新疆和田籽玉，天然满橘黄皮。手电光源观察透光感不强，判断中中玉质带僵性。经过耐心的长时间盘玩，质感与色泽一样有喜人变化

"艺术收藏品"转而成为既有艺术收藏价值，又具备经济上保值、升值的功能的"艺术投资收藏品"后，加入到和田玉收藏的大军的人数突飞猛进。而这些新加入的"和田玉爱好者"，许多都是没有专业玉器收藏知识的门外汉。在别有用心的误导下，他们对和田籽玉的"汗毛孔"与"皮色"的盲目追求，使和田籽玉的"皮色收藏"，达到了一个和田玉收藏前所未有的高度。也正是这些新手的盲目狂热，在使和田籽玉的皮色身价倍增的过程中，无意地起到了极大的推动作用。

不管是何原因，有需求才会有市场，"市场是检验价值的最好标准"！事实就是：和田玉收藏市场上，收藏爱好者们对于和田籽玉原生皮色的需求量非常大。因此，最近数年来，"好皮差肉"类新疆和田籽玉的市场价格，像坐上了直升飞机一样飙升，其经济价值也远非当年的半卖半送的情形可以比拟的。

以笔者的经验来看，最近几年，"好皮差肉"类新疆和田籽玉的市场价值，猛追"差皮好肉"类新疆和田籽玉。两者的市场价值虽然依然存在距离，但是差距已经不似当年那么巨大了。

看看一张张附着在质地乏善可陈的玉料上的完美皮色，不禁让人感叹：天工造物，美则美矣，却往往有欠完备。古人云："不全、不粹、不足，谓之美矣。"在现实的和田玉收藏市场上，还存在许多美艳可人的天然皮色，就附着在了质地欠缺的和田籽玉的表面，而且这类皮色往往出现类似"金包银玩料"的效果，一出现就是一整张—满皮色，全包裹。此类皮色玉料，极大地震撼和冲击了和田玉收藏的传统鉴赏观念，虽然称不上是和田籽玉收藏的主流观念，但是也汇聚了相当数量的追求者。

图16-35　新疆和田籽玉，天然满枣红皮。手电光源照射观察，透光度不佳，推断玉料内质地一般。但是整件玉料造型完整、皮色饱满，属于"好皮差肉"的和田籽玉"玩料"，内部玉质如何并不影响玉料的盘玩，市场价值不低

❀ 差皮差肉

最后，笔者提一下"差皮差肉"类和田籽玉。

何为"差皮差肉"？顾名思义，差皮差肉，就是说和田籽玉表面虽然附着有天然皮色，但是皮色丑陋、全无美感——"皮差"；同时，玉料的质地也结构平平，杂质多多，毫无值得称道之处——"肉差"。简单地说，一块和田籽玉，既无上好的玉质，又无漂亮的天然皮色。古语有"秀外慧中"之说，这样的玉料却是"外无秀、中少慧"，不值一提。故而此类和田籽玉，玉料低档、价格低廉。"差皮差肉"类和田籽玉，是四种皮色玉料中，收藏价值最低，经济价值最差的一类玉料。在和田籽玉收藏大行其道的今天，稍有经验的和田玉爱好者，对此类玉料便不屑一顾了。

那么如何看待此类和田籽玉呢？以笔者个人观点而言：和田玉鉴赏"首德而次符"，此类玉料既无德，也无符，不玩也罢。一言以蔽之，"差皮差肉"类新疆和田籽玉，不在和田玉收藏的考虑范围之内，直接忽略即可。

行文至此，和田籽玉的天然皮色分类详解基本就告一段落了。

笔者想提醒各位读者：用以上三种方式对和田籽玉的天然皮色进行分门别类的介绍，也只是个权宜之计，只是为了读者们方便理解。有道是"万法自然"，希望对和田籽玉收藏有兴趣的读者们，要活学活用，因料制宜，千万莫要生搬硬套。总之，"实践出真知"，翻阅再多的理论类的知识，也需要有足够的实战经验去配合，才能融会贯通。

🌀 浅析"皮色巧雕"

最后，笔者想就现在和田玉收藏的热门话题——"皮色巧雕"谈谈自己的一些观点。

和田玉雕的俏色运用，自古便有之，但是真正大行其道，还要数当代。尤其是新疆玉龙喀什河的大规模机械化挖掘之后，天然美艳的皮色类和田籽玉频频面世，也让诸多玉匠在"皮色巧雕"类玉雕工艺设计上，有了足够施展才华的想象空间。

于是乎，一夜之间"千树万树梨花开"，所有的和田籽玉皮色，只要能够"巧"一下的，绝不放过任何一个机会。理由很简单，因为市场上有大量的需求存在。不管玉雕件是不是真的达到了"巧雕"，即便是牵强附会，只要沾上边就成。听上去有点悲哀，因为现在的和田籽玉收藏市场，被大量热情似火却缺乏专业知识的善良的玉器爱好者们哄抬着。

到底何为"皮色巧雕"呢？和田籽玉的表面生有一块天然皮色，在玉匠的巧妙构思之下，基本保留原有的颜色，将其随形就势地设计成玉雕件的整体图案中的某个特定造型（动物或者植物等），使整个画面灵动脱俗，这才能称之为"皮色巧雕"。

请读者们千万注意：假使原本和田籽玉的表面有一整块大面积的皮色，玉匠在皮色上画好某个特定造型，然后将整张皮色中不需要的部分去除，剩下特定造型部分依然留有天然皮色，这不是"皮色巧雕"，这叫"为留皮而留皮"，刻意地留皮雕琢，属于暴殄天物，十足的"毁皮不倦"！

要知道，在自然界中，在玉龙喀什河里，要成就一块带有天然美艳皮色的和田籽玉，是一件极为难得的小概率事件。好容易才辛苦得来的一张天然美丽皮色，被某些毫无文化底蕴的玉匠们照猫画虎，人为地去追求所谓的俏色工艺。最终的结果，只能是东施效颦，毁了一块自然天成玉料而已。无奈的是，现在的和田玉收藏市场上，这样的情况比比皆是，实在让人扼腕叹息。

笔者个人的收藏观点认为：任何一个玉雕名家巨擘的工艺，都比不上大自然鬼斧神工的杰作。只有浑然天成的玉料和其原有图案，才是真正的"不食人间烟火"，"聚天地之精华，集山川之灵气"，不带丝毫的人工匠气。这也是和田籽玉的"玩料"价格在所有和田籽玉中独领风骚的根本原因。

事实上，和田籽玉的皮色，要生得好、用得巧，方能锦上添花，化腐朽为神奇。如果皮色设计、运用失当，刻意而呆板，个人以为不但不美，反而还影响其艺术收藏价值。试想，"美人痣"长在美人的脸上，才能称之为美人痣，若长在了臀部，那只能叫胎记了。可惜，在和田玉供不应求的市场行情下，理智收藏的人越来越少了。

那么"皮色巧雕"与"为留皮而留皮"两者之间，如何区分呢？大体上，可以从三个方面来分析：一，画面构图布局；二，画工；三，皮色图案边缘的过渡情况。

● 画面构图布局

● 画工

● 皮色图案边缘的过渡情况

先说说"画面构图布局"。一般来说，上好的"皮色巧雕"的玉雕件，饱含着资深玉匠们数十年的生活阅历，饱含着玉匠对和田玉文化的深刻理解。因此，真正懂得如何去运用"皮色巧雕"的玉匠通常都在绘画与平面、空间设计方面，有着非常深厚的专业功底。故而，我们在赏析皮色类玉雕件时，首先可以从玉雕件的整体画面布局着手，分析玉雕件的整体构思是否合理，是否虚实相衬、疏密得宜，是否错落有致、张弛有度等等。

而"为留皮而留皮"的玉雕件，通常都出自缺乏生活阅历，文化底蕴缺失的玉匠之手。此类玉匠通常年龄都不是很大，幼年出道学习玉雕技艺，读书也不多，也许玉雕的基本功尚可，但是通常都不太理解中华传统文化的精髓所在。学艺数年后，这些原本的可造之材，认为自身已经能开宗立派了，便年纪轻轻自立门户，在这物欲横流的现实世界中，以琢玉和逐利为生。

恰逢现在的和田玉收藏市场，正在经历前所未有的疯狂，于是乎，极大的"经济泡沫"造就了他们暂时的成功。因此，他们比较多关注的是"利"，利字当头，生搬硬套的去进行玉雕俏色技艺的运用。有道是"画虎不成反类犬"，从玉雕件的整体布局上，便能看出端倪。"为留皮而留皮"的玉雕件，整体画面通常缺乏高屋建瓴的宏观把握，布局难分轻重缓急，画面层次感混乱。有兴趣的读者，只需稍微研究一下美术绘画，便不难看出两者之间的差异。

其次说说"画工"。读者们要知道，一件玉雕作品在雕琢之前，首先是设计。有经验的玉匠们会按照玉料的初始造型，决定将玉料雕琢成某种题材，然后便是在原料上画稿。这种画稿的情况有点类似画一幅水墨画的感觉。所不同的是，水墨画是在平面的纸张上画，而玉石原料的画稿则是在立体的原料上完成，因此难度会更大些。而且通常一件圆雕作品的玉雕件，在雕琢的过程中，不是画一稿就能完成的。玉件画工的好坏，也决定了玉件雕琢的成败。一件真正的"皮色巧雕"玉雕作品，应该造型生动，线条流畅，图案栩栩如生。这些都是由玉匠的画工决定的。而"为留皮而留皮"的玉雕作品，则通常造型呆板，线条紊乱，图案过渡生硬。有些玉匠画工不到位，甚至能将鸳鸯画出类似北京烤鸭的感觉。"画工"的鉴赏，相对比整体构图布局要简单，读者们只需对生活中的点滴细心留意，自然能比较出两者之间的差异来。

最后，说说"皮色图案边缘的过渡情况"。从"皮色巧雕"与"为留皮而留皮"的定义，读者们不难发觉两者之间一个最明显的差异。就是"皮色巧雕"是随形就色，皮色有多大，就充分将其设计成构图中的相关造型，基本没有太多的浪费。我

图6-36　新疆和田籽玉，皮色浅的部位巧雕成仿古兽面，布局合理

们知道，通常情况下，和田籽玉的天然皮色，从皮色最浓艳的
中心到皮色的边缘地带，颜色会有从深到浅的过渡，越到皮色
边缘，颜色相对会越淡，直至完全没有皮色。因此，"皮色巧雕"
的玉雕作品，在带有皮色的造型的边缘，通常较容易观察到颜
色的深浅渐变和过渡。

　　而"为留皮而留皮"则是将大块的皮色切小，只剩在需要
的图案造型上留有皮色，其他与主题构图无关的皮色会被大量
地去除。因此带皮色的造型图案边缘，通常是没有明显深浅过
渡变化的。取而代之的是明显的颜色突变。有皮色的造型上颜
色浓郁，旁边突然便颜色消失，缺乏过渡，非常突兀。

　　总体上来讲，笔者个人非常欣赏真正的和田籽玉"皮色巧
雕"作品，但是对于那些唯利是图，毁皮不倦的"为留皮而留皮"
的玉雕作品，除了痛心疾首之外，剩下的只有对被糟蹋掉的和
田籽玉的扼腕叹息了。

尾　声

　　行文至此，本书关于"精品白玉的鉴赏与收藏"的主体内容基本上都结束了。相比上本《昆仑寻梦——精品白玉鉴赏与投资》，笔者在书中所倾入的心血要远胜于前。希望本书能够对有志于和田玉收藏与传统玉文化研究的朋友有所启迪，在赏析精品和田玉时，能够有所帮助。

　　同时，笔者也想对初学的和田玉爱好者提些建议。

　　首先，"和田玉鉴赏与收藏，专业知识需要不断更新和充实"。正所谓"活到老、学到老",玉器鉴定、鉴赏的许多观点和实用知识,是随着时间的不断推移而逐步发展变化的。由于市场上出现的原生和田玉料的特性在不断变化,也由于市场上出现的玉器造假、作伪的手段在不断地提高、深入,因此笔者敬告广大的和田玉爱好者们,对于玉器知识的理解与把握,也要因时而动、及时调整思路,千万不要墨守成规,一成不变。就比如在《昆仑寻梦》一书中,对于玉件的"德"的鉴赏,笔者就未曾提及"纯度"的概念。而在本书中,伴随着玉料数量越来越少,玉料档次越来越差的严峻现实,"纯度"这个概念便顺理成章地提上议事日程。坦白说,本书的和田玉鉴赏指标,基本能够满足现阶段和田玉鉴赏与收藏的要求,但是随着事态的不断发展变化,也许十年后,甚至五年后,相关着眼点可能又需要充实和完善了。希望广大和田玉收藏爱好者在收藏过程中,对于知识的理解要活学活用,这样才能举一反三,与时俱进。

其次,"实践出真知"。和田玉收藏要登堂入室,靠的是实战经验而非理论知识。在仪器无法鉴定出各类软玉玉料的相关产地的情况下,在相关国标混淆视听,指鹿为马的情况下,藏友们只有通过不断地自身实践,才能够在伪劣制品横行的和田玉收藏市场上站稳脚跟。要知道,和田玉收藏,既没有统一的标准,也没有任何一个人会是绝对的权威,因此爱好者们应该从理性出发,不盲从,不偏听偏信,不盲目崇拜名师大家,相信自己的眼光和实践知识。中国有句古话——"自有自便当",玉器鉴赏知识也是一样的,玉友们经过日久鏖战得来的知识,才是经得起风霜雨雪的。可怜太多初学的藏友,盲目跟着市场上的歪风,误入歧途,越走越远,片面地追求玉器的皮色、白度、名家等等指标,却忽略玉石的本质,泥足深陷,不知迷途知返,可怜那点银子就哗哗地打了水漂……

最后,"收藏需谨慎"。现今的艺术品投资市场,早已不似当年那样稳步发展,波澜不惊。巨大的利益链背后,是乱象丛生的人与物。各种媒体与权威所宣扬的信息,未必都是真的。在笔者眼中,"捡漏"早已成了传说。总而言之,冲动是魔鬼,收藏要冷静啊……

愿与天下爱玉之士共勉!

彭凌燕(老狼)
壬辰年初夏于博燚斋会馆

图书在版编目（CIP）数据

盛世藏玉 / 彭凌燕著 .-- 上海：文汇出版社，

2013.12

　ISBN 978-7-5496-1008-2

I.①盛 … II. ②彭 … III. ①玉石 - 鉴赏②玉石 - 收藏

IV.①TS933.21②G894

中国版本图书馆 CIP 数据核字（2013）第 242692 号

盛世藏玉
—— 精品白玉鉴赏与收藏

著作权人 / 彭凌燕

责任编辑 / 熊　勇

装帧设计 / 周夏萍

图文整理 / 蒋鸣珠　朱睿敏　王　洁

出版发行 / **文匯**出版社

　　　　上海市威海路 755 号

　　　　（邮政编码 200041）

印刷装订 / 上海昌鑫龙印务有限公司

版　　次 / 2014 年 1 月第 1 版

印　　次 / 2014 年 1 月第 1 次印刷

开　　本 / 889 × 1194　1/32

字　　数 / 170 千

印　　张 / 12.5

印　　数 / 5000 本

ISBN 978-7-5496-1008-2

定　　价 / 68.00